Neue Riementheorie

nebst Anleitung zum Berechnen von Riemen

Von

G. Schulze-Pillot

Professor an der Technischen Hochschule
Danzig

Mit 79 Abbildungen im Text
und auf einer Tafel

Springer-Verlag Berlin Heidelberg GmbH

1926

ISBN 978-3-662-38771-9   ISBN 978-3-662-39668-1 (eBook)
DOI 10.1007/978-3-662-39668-1

Vorwort.

Die vorliegende Schrift soll auf dem Wege zur Erforschung der Riementriebe einen Schritt vorwärts führen, indem zum ersten Male der Riemen sowohl in denjenigen Teilen, die auf den Scheiben aufliegen, wie in denjenigen, die zwischen den Scheiben schweben, als Ganzes betrachtet und in die Entwicklung der grundlegenden Beziehungen eingeführt wird. Für diesen Zweck allein hätte es genügt, nur die Änderungen und Zusätze, die durch die neue Betrachtungsweise gegenüber älteren Ansätzen nötig werden, zu behandeln. Damit wäre aber das Verständnis der Schrift von der Kenntnis einer Anzahl vorausgegangener Sonderveröffentlichungen über Riementriebe abhängig gemacht, d. h. auf den Kreis der Riemenfachleute beschränkt worden. Um dies zu vermeiden, sind die Entwicklungen durchweg auf der Grundlage begonnen worden, die bei jedem Maschineningenieur als bekannt vorausgesetzt werden darf. Um auch Anfängern das Verständnis zu erleichtern, sind darüber hinaus die altbewährten Grundformeln, die die Gestalt des bewegten Riemens und die in ihm wirkenden Kräfte bestimmen, vom Ansatz her abgeleitet.

Die Ausführungen erbringen neue Aufschlüsse über die Vorspannung, mit der der Riemen aufgelegt werden muß, um den Gleitschlupf in zulässigen Grenzen zu halten, über die Länge des Riemens, die zur Herbeiführung einer bestimmten Vorspannung bei gegebenen Abmessungen des Triebes nötig ist, und endlich über den Zusammenhang zwischen aufgelegter Riemenlänge und Höchstanstrengung des Leders bei gegebener Leistung.

Ferner soll die Schrift Anregungen geben zur Anstellung weiterer Versuche über die Elastizitäts- und Reibungsziffern von Riemenleder, über die wir z. Z. leider erst unvollkommen unterrichtet sind. In dieser Hinsicht ist ein Verfahren entwickelt, das die Auswertung von Reibungsversuchen erleichtert.

Für diejenigen, die mit der Projektierung, Herstellung oder Unterhaltung von Riementrieben zu tun haben, sind die Ergebnisse am Schluß kurz zusammengefaßt.

Auf die älteren Arbeiten ist überall da Bezug genommen, wo es galt hervorzuheben, welche Voraussetzungen von ihnen in die vorliegende Schrift übernommen sind.

Danzig - Langfuhr, im November 1925.

G. Schulze-Pillot.

Inhaltsverzeichnis.

Einleitung.

Die Erforschung des Riementriebes, des am häufigsten verwendeten
Maschinengetriebes, hat in den letzten 20 Jahren bemerkenswerte Fort-
schritte gezeitigt. Nach den grundlegenden theoretischen Betrachtungen
Grasshoffs, die aber nur einem Teil der bei Riementrieben herrschen-
den Verhältnisse Rechnung tragen, folgte eine lange Zeit des Still-
standes. Die wertvolle Arbeit von Friedmann[1] war in der wissenschaft-
lichen und praktischen Welt fast vergessen, wohl weil aus ihrem Titel
ihre grundsätzliche Bedeutung für die Beurteilung des laufenden Riemens nicht zu erkennen war. Den Anstoß zum Fortschritt gab C. Otto
Gehrkens[2], der sich mit der unbekümmerten Entschlossenheit des Prak-
tikers von den Trugschlüssen einer erstarrten Lehrmeinung abwendete.
Es folgten die Versuche von Kammerer[3], die einen lebhaften Meinungs-
austausch auslösten und zu den Versuchsarbeiten von Skutsch[4],
Friedrich[5] und Steinmetz[6] führten, sowie die theoretischen
Abhandlungen von Duffing[7] und Kutzbach[8]. Eine zusammenfassende Darstellung und kritische Würdigung des ganzen vorliegenden
Stoffes lieferte endlich Stiel[9]. Die vorhandenen Versuchsergebnisse
sind sehr lückenhaft, zum Teil auch widersprechend und bedürfen
weitgehender Ergänzung. Zu einem zielbewußten Einsatz der Kräfte
und Mittel ist hierfür die zusammenfassende Beherrschung der ana-
lytischen und graphischen Verfahren nötig. Die Grundlagen der ana-
lytischen Behandlung sind in den Arbeiten von Friedmann und
Duffing vorhanden; die analytische Behandlung allein kann aber
nicht zum Ziel führen wegen der eigenartigen Dehnungsverhältnisse des
Leders, die die Aufstellung auswertbarer Formeln vereiteln. Besondere
Bedeutung kommt deshalb der Abhandlung von Kutzbach zu, der
den anschaulichen zeichnerischen Weg einschlug. Stiel hat diesen Weg,
zum Teil auf einer Arbeit von Barth[10] fußend, mit großem Erfolg

---

[1] Z. V. d. I. 1894, S. 891. [2] Z. V. d. I. 1893, S. 15.
[3] Forschungsarbeiten Heft 56, 57. [4] Forschungsarbeiten Heft 120.
[5] Forschungsarbeiten Heft 196—198.
[6] Dehnungsmessung am laufenden Riemen. München 1917.
[7] Z. V. d. I. 1913, S. 967. [8] Z. V. d. I. 1914, S. 1006.
[9] Theorie des Riementriebs. Berlin 1918.
[10] Trans. Am. Soc. Mec. Eng. Bd. 31, S. 29.

weiter ausgebaut. Hierbei ist aber die Begründung des formelmäßigen Zusammenhanges mit dem zeichnerischen Verfahren etwas in den Hintergrund geraten. Er muß deshalb für die Spannungs-Dehnungsverhältnisse des Riementriebes im nachstehenden kurz wiederholt und wesentlich erweitert werden. Vor allen Dingen muß die Wirkung der auf den Scheiben aufliegenden Riemenbahnen, die Stiel, hierin der Barthschen Anschauung folgend, außer Betracht ließ, genau erörtert werden. Ferner soll für die Bestimmung der übertragbaren Kraft ein einfaches zeichnerisches Verfahren an Stelle der von Stiel angegebenen, weniger anschaulichen Rechnung entwickelt werden. Endlich ist der Riementrieb mit ungleichen Scheiben, der geneigte Trieb und der Spannrollentrieb zu behandeln. Für die Feststellung der Reibungsziffern ist außer dem in der gedruckten Literatur vorhandenen Stoff die Dissertation meines ehemaligen Assistenten Dr.-Ing. Mohr[1] benutzt.

---

[1] Reibungsziffern für Riemen- und Stahlbandtriebe bei niedriger Geschwindigkeit. Danzig 1921.

I. Durchhangslinie des bewegten Riemens.

Der zwischen den An- und Ablaufpunkten zweier Scheiben durchhängende Riemen weist im Stillstand wie in der Bewegung die Gestalt einer Seillinie auf; das zeigen die Arbeiten von Friedmann und Duffing. Sie führen aber nicht ohne weiteres auf die für ein zeichnerisches Verfahren brauchbaren Gleichungen und diese sind auch in den Arbeiten von Kutzbach und Stiel nicht in der hier später gebrauchten Form entwickelt. Eine gedrängte Ableitung kann daher nicht entbehrt werden.

Behandelt wird zunächst der Trieb mit gleich großen Scheiben, deren Achsen auf einer Wagerechten liegen (Abb. 1).

Der Riemen besteht aus den zwischen den Scheiben schwebenden Bahnen $B'C'$ des unteren, $D'A'$ des oberen Trumms und den auf den umspannten Bögen der Scheiben aufliegenden Bahnen $A'EB'$ und $C'FD'$. Die Endpunkte $B'C'$ der unteren schwebenden Bahn

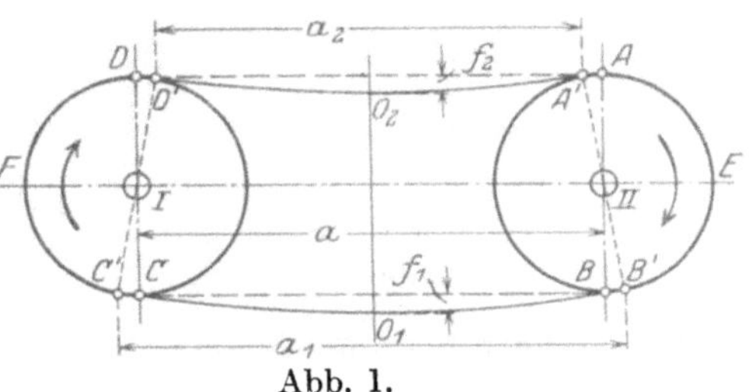

Abb. 1.

liegen außerhalb, die Endpunkte $D'A'$ der oberen Bahn innerhalb der Senkrechten durch die Achsenmittelpunkte I und II. Demnach ist die Sehne a_1 größer als die Sehne a_2. Es ist aber vorbehaltlich späterer Verbesserung nötig und zulässig, diese Endpunkte nach BC bzw. DA zu verlegen, womit dann beide Sehnen gleich a werden. Der Riemen läuft in der Pfeilrichtung und hängt nach einer Kurve, deren Gestalt bestimmt werden soll, um das Maß $f_1 \sim f_2 \sim f$ durch. Außer durch sein Eigengewicht, das q kg/cm betragen soll, ist er durch Fliehkräfte belastet, da seine Massenteilchen gezwungen sind, sich auf gekrümmten Bahnen zu bewegen, mithin einer Zentrifugalbeschleunigung unterliegen. Abb. 2 zeigt den Durchhang, der in Wirklichkeit sehr gering ist, stark übertrieben. Ist ϱ der Krümmungsradius in einem beliebigen Punkte X der Durchhangskurve und v die Riemengeschwindigkeit, so unterliegt jedes Riementeilchen von der Länge $\varrho\, d\varphi$ einer Zentrifugalkraft

$$dZ = \frac{q}{g}\, \frac{v^2}{\varrho}\, \varrho\, d\varphi = \frac{q}{g}\, v^2\, d\varphi\,,$$

außerdem der Vertikalkraft $q\,d\,s$; der geometrischen Summe dieser Kräfte wird durch die Riemenkraft S mit den Seitenkräften V und H das Gleichgewicht gehalten. Mit diesem Ansatz hat schon Friedmann die Gleichung der Durchhangskurve des bewegten Riemens abgeleitet.

$$y = \frac{h}{2}\left(e^{\frac{x}{h}} + e^{-\frac{x}{h}}\right) \tag{1}$$

und für die Bogenlänge der zwischen O und X schwebenden Bahn den Ausdruck

$$s = \frac{h}{2}\left(e^{\frac{x}{h}} - e^{-\frac{x}{h}}\right). \tag{2}$$

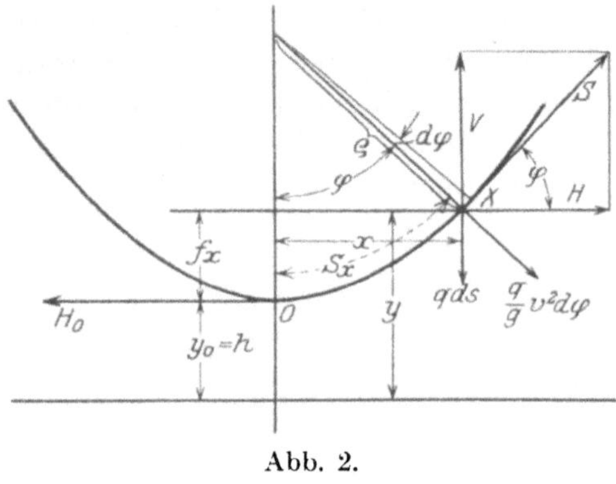

Abb. 2.

Hierin ist h der Abstand der Abszissenachse von der Scheiteltangente

$$h = \frac{H_o}{q} - \frac{v^2}{g} \tag{3}$$

und H_o der Horizontalzug bei stillstehendem Riemen. Da der wagerechte (und mit Annäherung auch der schwachgeneigte) Riemen nur sehr wenig durchhängt, so genügt zur Berechnung der Gleichungen (1) und (2) eine Reihenentwicklung nach der Formel

$$e^z = 1 + \frac{z}{1!} + \frac{z^2}{2!} + \frac{z^3}{3!}$$

unter Vernachlässigung der Glieder mit höheren als quadratischen Potenzen. Das ergibt aus Gleichung (1)

$$y = h + \frac{x^2}{2h}. \tag{4}$$

Daher ist der Durchhang im Punkte X (s. Abb. 2)

$$f_x = y - h = \frac{x^2}{2h}. \tag{5}$$

Die Bogenlänge ergibt sich aus Gleichung (2) zu

$$s_x = x\left(1 + \frac{x^2}{6h^2}\right). \tag{6}$$

II. Kräfte im bewegten Riemen.

Für die im Riemen wirkenden Kräfte (Abb. 2) gelten die ebenfalls schon von Friedmann hergeleiteten Ausdrücke

$$V = q\,s_x\left(1 + \frac{v^2}{g\cdot y}\right), \qquad H = q\,h\left(1 + \frac{v^2}{g\cdot y}\right), \qquad S = q\cdot\left(y + \frac{v^2}{g}\right). \tag{7}$$

Zur Berechnung von S brauchen wir also den Wert von y aus Gleichung (4); diese enthält aber noch den Wert h. Wir beseitigen ihn mit Hilfe von (6), indem wir schreiben

$$h = \sqrt{\frac{x^3}{6\,(s_x - x)}}. \tag{8}$$

In Gleichung (5) eingesetzt ergibt dies den später benötigten Durchhang

$$f_x = \tfrac{1}{2}\cdot\sqrt{6\,x\,(s_x - x)}. \tag{9}$$

Ferner erhalten wir mit Einsatz von h aus Gleichung (8) in 4

$$y = \sqrt{\frac{x^3}{6\,(s_x - x)}} + \frac{1}{2}\cdot\sqrt{6\,x\,(s_x - x)}.$$

Da nun der Durchhang f_x sehr klein ist, so unterscheidet sich s_x nur wenig von x. Diese kleine Differenz steht unter der ersten Wurzel im Nenner, unter der zweiten Wurzel im Zähler; wir können deshalb die zweite Wurzel gegenüber der ersten vernachlässigen. Erstrecken wir die Betrachtung auf die ganze Länge der schwebenden Bahn (Abb. 1) nach beiden Seiten vom Scheitelpunkt O, so ist $x = \dfrac{a}{2}$ und $s_x = \dfrac{s}{2}$, d. h.

$$y = \sqrt{\frac{a^3}{24\,(s - a)}}, \tag{10}$$

hiermit ergibt Gleichung (7)

$$S = q\left(\sqrt{\frac{a^3}{24\,(s - a)}} + \frac{v^2}{g}\right). \tag{11}$$

Hierin stellt $q\,\dfrac{v^2}{g}$ denjenigen Teil der Riemenkraft dar, der von der Zentrifugalkraft herrührt. Er heißt die „Riemenfliehkraft" S_f. Ferner wird die Differenz der vollen Riemenkraft S und der Riemenfliehkraft, d. h.

$$S' = S - S_f \tag{12}$$

als die „freie Riemenkraft" bezeichnet, ein Ausdruck, dessen Bedeutung unter Ziffer VI weiter hervortreten wird. Somit ist nach (11)

$$S' = q\cdot\sqrt{\frac{a^3}{24\,(s - a)}}. \tag{13}$$

III. Einfluß des Eigengewichts der auf den Scheiben liegenden Riemenbahnen.

Gleichung (11) und (13) geben die in den schwebenden Bahnen des Riemens wirkenden Kräfte an. Ferner ist der Einfluß des Eigengewichtes der auf den Scheiben liegenden Riemenbahnen festzustellen. Ein im Punkte X unter dem Winkel φ (Abb. 3) gegen die Senkrechte CD gelegenes Riemenelement hat das Gewicht

$$dQ = q\,r\,d\varphi.$$

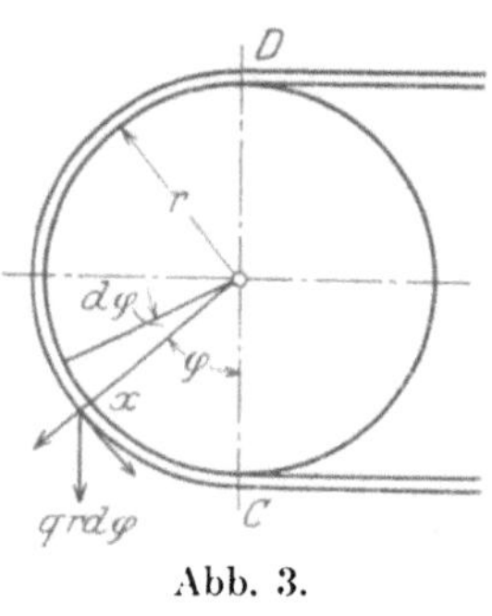

Abb. 3.

Diese senkrecht wirkende Kraft ergibt nach tangentialer und radialer Richtung zerlegt

$$dT = q \cdot r \sin\varphi\,d\varphi,$$
$$dR = q \cdot r \cos\varphi\,d\varphi.$$

Während die Radialkraft vom Scheibenumfang aufgenommen wird, vermehrt dT den Zug in dem oben anstoßenden Riementeil. Mithin wächst von C nach D die Riemenkraft um die Größe

$$T = q\,r \cdot (1 - \cos\varphi)\,; \tag{14}$$

d. h. bei halbkreisförmiger Umspannung um

$$T = q\,2\,r.$$

Um so viel ist also infolge der Gewichtswirkung der aufliegenden Bahnen die Riemenkraft im oberen Trumm größer als im unteren; dieser Unterschied ist aber so gering, daß er meistens vernachlässigt werden kann. Nur beim Zusammentreffen ungewöhnlicher Umstände, nämlich bei geringer Geschwindigkeit, schwacher Belastung und großen Scheibendurchmessern kann er merklich anwachsen.

IV. Einfluß der Dehnung auf Gestalt der Durchhangslinie und Größe der Riemenkraft.

Aus Gleichung (10) ist der Ausdruck für v verschwunden. Wäre nun s, die Länge der schwebenden Riemenbahn, eine unveränderliche Größe, so wäre damit die Bewegung des Riemens auf die Gestalt der Durchhangskurve ohne Einfluß. Nun besteht aber jeder Riemen (und in geringerem Maße auch jedes Drahtseil oder Stahlband) aus merklich dehnbarem Stoff. Da nach Gleichung (11) die Riemenkraft mit der Geschwindigkeit um den Betrag

$$S_f = q\,\frac{v^2}{g}$$

wächst, so unterliegt der ganze Riemen einer mit zunehmender Geschwindigkeit wachsenden Dehnung, die sich nicht auf die schwebende Bahn beschränkt, sondern sich auch in die auf den Scheiben aufliegenden Bahnen erstreckt. Da aber auf den Scheiben stets nur die unveränderliche Länge πr Platz findet, so muß der entstandene Längenzuwachs in die schwebende Bahn abwandern, die ihrerseits unter dem Einfluß der Dehnung ebenfalls gereckt ist. Damit wächst s, also nimmt nach Gleichung (10) y und nach Gleichung (13) die freie Trummkraft S' ab, während bei der vollen Trummkraft S nach Gleichung (11) der Abnahme des ersten Gliedes in der Klammer eine Zunahme des zweiten Gliedes gegenübersteht, so daß die endgültige Wirkung beider Einflüsse auf die volle Riemenkraft besonderer Klarstellung bedarf.

Wir denken uns zunächst beide Scheiben mit gleicher Winkelgeschwindigkeit angetrieben und sehen von Verlusten, die aus der Steifheit des Riemens und seinem Luftwiderstand herrühren, ab. Der laufende Riemen überträgt nun keine Kräfte von einer Scheibe auf die andere; dieser Zustand soll deshalb „Leerlauf" heißen. Beim Leerlauf im praktischen Riementriebe überträgt der Riemen in Abweichung von dieser Festsetzung die zur Deckung der mechanischen Verluste erforderliche Arbeit von der treibenden auf die getriebene Scheibe. Ferner ist durch die Vereinfachung, die der Gleichung (10) zugrunde liegt, das geringe Anwachsen, das die Riemenkraft vom Scheitelpunkt nach den Endpunkten der schwebenden Bahn erfährt, ebenso wie die Gewichtswirkung der auf den Scheiben aufliegenden Bahnen vernachlässigt, so daß also im ganzen Riemen, der schwebenden und der aufliegenden Bahn des unteren wie des oberen Trumms die gleiche Dehnung ε herrscht. Da wir auch den Unterschied der oberen und unteren Sehnenlänge vernachlässigt haben, so besteht der Riemen im Leerlauf aus zwei gleich langen Stücken ($FDAE$ des oberen und $EBCF$ des unteren Trumms (Abb. 1), deren jedes die Länge besitzt

$$l = s + \pi r.$$

Von dieser „gedehnten Länge" unterscheiden wir die „Urlänge" l_u und erhalten

$$l = l_u(1 + \varepsilon).$$

Mithin ist die Länge der schwebenden Bahn

$$s = l_u(1 + \varepsilon) - \pi r.$$

Ziehen wir beiderseits die Achsenentfernung a ab, so erhalten wir

$$s - a = l_u(1 + \varepsilon) - \pi r - a. \tag{15}$$

Die rechts stehenden negativen Glieder der Gleichung (15) stellen die Summe der Tangente und der umspannten Bögen eines Trumms dar; wir wollen sie den „Umriß" des Trumms nennen und abkürzen

$$\pi \cdot r + a = a'. \tag{16}$$

Hiermit lautet die Gleichung (15)

$$s = a = l_u - a' + \varepsilon\, l_u.$$

Das ist der Wert, den wir in Gleichung (13) einzusetzen haben, die damit lautet

$$S' = q \cdot \sqrt{\frac{a^3}{24\,(l_u - a' + \varepsilon\, l_u)}}. \tag{17}$$

Dieses ist die gesuchte Gleichung, die den Zusammenhang zwischen Riemenkraft, Riementriebabmessungen und Dehnung unter Berücksichtigung der auf den Scheiben liegenden Riemenbahnen darstellt. Sie gestattet aber die Berechnung von S' noch nicht, da ε von S' abhängig ist.

V. Leerlaufcharakteristik.

Während nun für Stahlbänder (und mit brauchbarer Annäherung auch für Drahtseile) die Dehnung dem Hookeschen Gesetz folgt, nimmt bei Lederriemen die Dehnung im Betriebe mit der wachsenden Spannung anfangs rascher, später langsamer zu und ist für Lederriemen im Mittel etwa tausendmal so groß wie für Stahl. Der Zusammenhang zwischen ε und S wird also zutreffend nur durch eine aus Versuchen gewonnene Kurve dargestellt, wie sie Abb. 4 in An-

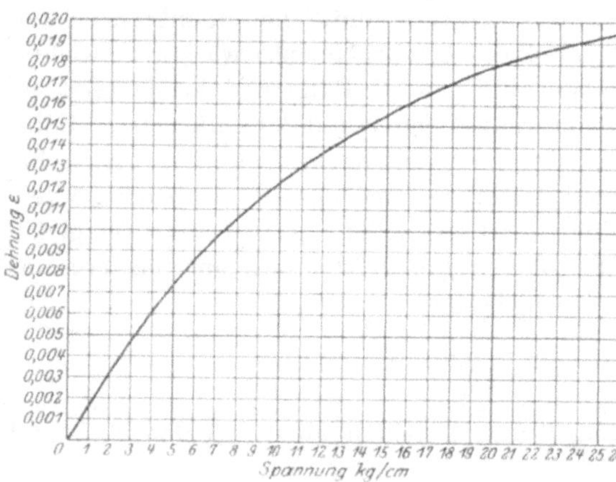

Abb. 4. Riemendehnung nach Skutsch.

lehnung an die Versuche von Skutsch und die Berechnung von Stiel wiedergibt. Diese Kurve soll allen weiteren Berechnungen zugrunde gelegt werden. Zwecks zeichnerischer Lösung erheben wir die Gleichung (17) ins Quadrat und geben ihr die Form

$$(l_u - a') + \varepsilon\, l_u - \frac{q^2 \cdot a^3}{24\, S'^2} = 0. \tag{18}$$

Hierin ist das erste Glied nur von der Urlänge des Riemens und den unveränderlichen Abmessungen des Riementriebes abhängig, nämlich den Scheibendurchmessern und dem Achsenabstand; das zweite Glied hängt von der vollen Trummkraft S, die die Dehnung ε bestimmt, ab; das dritte Glied enthält außer den unveränderlichen Größen des Achsenabstandes a und des spezifischen Gewichts q der Riemenlänge nur die freie Trummkraft S'; es gibt den Einfluß des Eigengewichts der schwebenden Bahn an. Da sich die volle und die freie Trummkraft nach Gleichung (12) um den Betrag

$$S_f = q \cdot \frac{v^2}{g}$$

unterscheiden, ist für den stillstehenden Riemen $S = S'$. Für diesen Fall können wir Gleichung (18) ohne weiteres zeichnerisch lösen. Wir tragen (Abb. 5) auf der Ordinatenachse die Werte S' ab und auf der Abszissenachse die Werte der drei Glieder der Gleichung (18), die ihrer Dimension nach sämtlich Strecken bedeuten. Hierbei ergibt $l_u - a'$, die „Vorspannungsgerade", eine Parallele durch O' zur Ordinatenachse in O; hinzugefügt wird als zweites positives Glied vom Punkt O' beginnend die „Dehnungskurve" εl_u, die mit Hilfe der Kurve Abb. 4 für verschiedene Kräfte S' berechnet wird. Dann wird für verschiedene Werte S' die „Eigengewichtskurve" $\dfrac{q^2 a^3}{24\,S'^2}$ berechnet und von der Ordinatenachse aus O abgetragen. Ihr Schnittpunkt P mit den summierten Werten der Vorspannungsgeraden und Dehnungskurve liefert denjenigen Wert S', der die Gleichung (18) erfüllt, sich also beim stillstehenden Riemen einstellt.

Nunmehr erteilen wir dem Riemen die Geschwindigkeit v, so daß die Riemenfliehkraft

$$S_f = q \cdot \frac{v^2}{g}$$

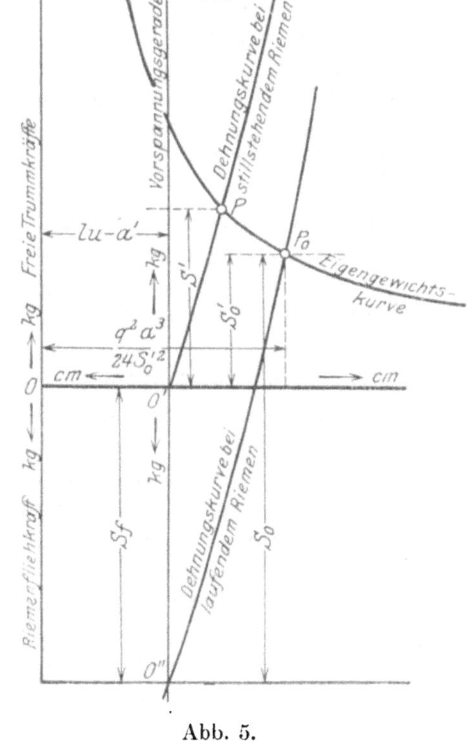

Abb. 5.

hinzutritt. Während hierdurch die Vorspannungsgerade und die Eigengewichtskurve unberührt bleiben, gehören nun zu einem bestimmten Wert der freien Trummkraft S' diejenigen Werte der Dehnungskurve, die der **vollen Trummkraft** S entsprechen. Dementsprechend muß die Dehnungskurve von einem Punkt O'' beginnen, der um die Strecke S_f unter O' liegt; die ganze Dehnungskurve wird also um dieses Maß senkrecht nach unten verschoben. Damit ergibt sich ein neuer Schnittpunkt P_0 der Dehnungskurve mit der Eigengewichtskurve, der die Werte S'_0 der freien und S_0 der vollen Trummkraft bestimmt. Der Wert der Dehnung, bei dem dieser Leerlaufzustand eintritt, soll ε_0 heißen.

Die Gerade, die den Wert $l_u - a'$ bezeichnet, haben wir die „Vorspannungsgerade" genannt; beachten wir zur Erklärung dieser Bezeichnung die Bedeutung von a' gemäß Gleichung (16), so bedeutet z. B.

$$l_u = a + \pi\, r\,, \tag{19}$$

daß der Riemen mit einer Urlänge gleich dem Umriß, d. h. der Summe von umspanntem Bogen und Achsenabstand aufgelegt ist. In diesem Falle ist $l_u - a' = 0$; also rückt der Punkt O', in dem die Dehnungskurve beginnt, nach O. Legt man den Riemen länger auf, was z. B. bei Stahlbändern und Drahtseilen nötig ist, so wird die Differenz $l_u - a'$ positiv: O' liegt jetzt, wie in Abb. 5, rechts von O; man spricht alsdann von „Eigenlastvorspannung". Kürzt man dagegen den Riemen unter das durch Gleichung (19) bedingte Maß, so ist der Unterschied $l_u - a'$ negativ und der Riemen arbeitet mit „Dehnungsvorspannung". In diesem Falle liegt O' links von O.

Eine Änderung der Vorspannung, die wir dadurch herbeiführen, daß wir ein Stück aus dem Riemen herausschneiden oder in ihn einfügen, können wir dadurch berücksichtigen, daß wir die Dehnungskurve und die Eigengewichtskurve wagerecht gegeneinander verschieben. Vergleichen wir nun verschiedene Geschwindigkeiten miteinander, so verschieben wir, wie gezeigt, zur Berücksichtigung der Riemenfliehkraft die Dehnungskurve senkrecht. Deshalb ist es zweckmäßig, wenn gleichzeitig der Einfluß verschiedener Vorspannungen untersucht werden soll, diesen durch wagerechte Verschiebung der Eigengewichtskurve zu berücksichtigen; und zwar wird die Eigengewichtskurve beim Wachsen der Vorspannung nach rechts, bei Abnahme nach links verschoben. Soll dagegen für unveränderliche Riemengeschwindigkeit nur der Einfluß der Vorspannung untersucht werden, so ist es oft zweckmäßiger, die Dehnungskurve wagerecht zu verschieben — natürlich nun in entgegengesetztem Sinne — weil die Gestalt der Dehnungskurve einfacher ist und daher die Schnittpunkte mit geringerer Mühe scharf erhalten werden.

Nun ist noch zu erörtern, ob bei Änderung der Vorspannung etwa auch der Verlauf der Dehnungskurve zu ändern ist, da sie mit den Werten $\varepsilon\, l_u$ berechnet ist, während nunmehr die Werte $\varepsilon\,(l_u + \varDelta\, l_u)$ zugrunde zu legen wären. Die Entscheidung kann nur auf Grund von Zahlenbeispielen erfolgen und ergibt, daß $\varDelta\, l_u$ gegenüber l_u stets in solchen Grenzen ($< 2\ \text{vH}$) bleibt, daß der Einfluß auf die Dehnungskurve vernachlässigt werden kann.

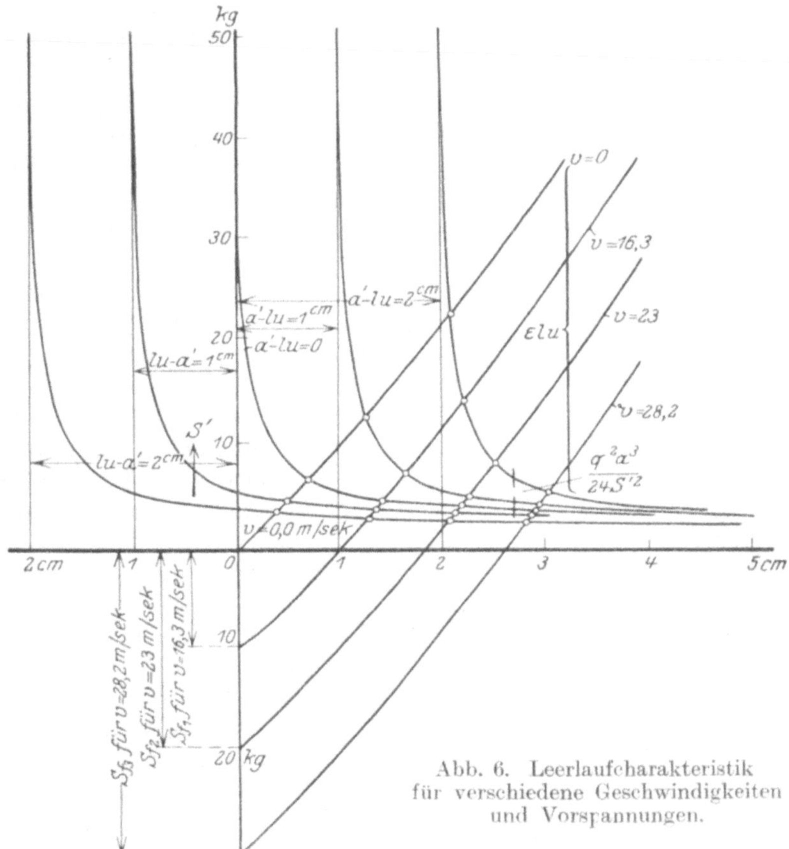

Abb. 6. Leerlaufcharakteristik für verschiedene Geschwindigkeiten und Vorspannungen.

Somit ergibt sich die Darstellung in Abb. 6, in der für Stillstand und drei Geschwindigkeiten der Einfluß verschiedener Riemenlängen auf die Vorspannung gezeigt wird. Eingetragen sind 5 Riemenlängen, für deren kürzeste l_u um 2 cm kleiner als a' ist, während für die längste $l_u = a' + 2$ cm ist. Man kann nun z. B. für eine bestimmte Vorspannung den Einfluß der Geschwindigkeit auf die Trummkräfte verfolgen oder

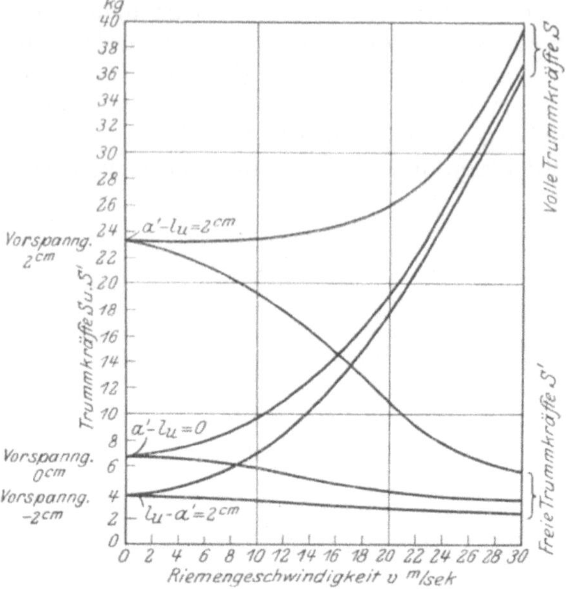

Abb. 7. Einfluß der Geschwindigkeit auf die Trummkraft im Leerlauf bei verschiedener Vorspannung.

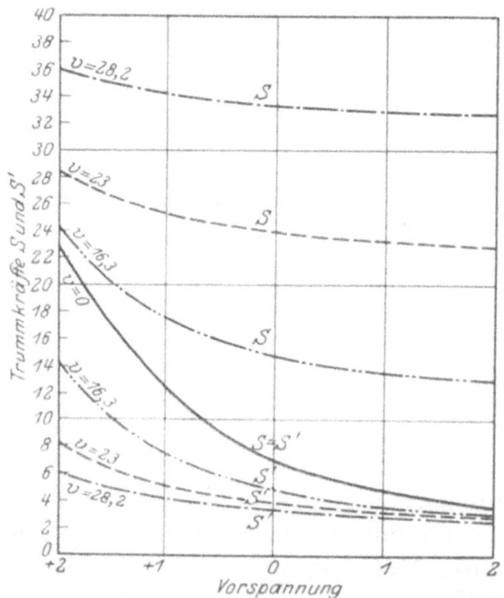

Abb. 8. Einfluß der Vorspannung auf die Trummkraft im Leerlauf bei verschiedener Geschwindigkeit.

für eine bestimmte Geschwindigkeit den Einfluß der Vorspannung. Die Werte, die sich für den ersten Fall ergeben, sind in Abb. 7 aufgetragen, die für den zweiten Fall in Abb. 8. Es ergibt sich (Abb. 7), daß für jede bestimmte Vorspannung die freien Trummkräfte mit der Geschwindigkeit fallen, die vollen aber steigen, und zwar fallen die freien Trummkräfte um so stärker, je größer die Vorspannung ist, während für die vollen Trummkräfte das umgekehrte gilt. Für jede bestimmte Geschwindigkeit fallen die Trummkräfte (Abb. 8) mit abnehmender Vorspannung, und zwar am stärksten bei stillstehenden Riemen. Die vollen Trummkräfte liegen für jede Geschwindigkeit um das durch S_f gegebene unveränderliche Maß über der zugehörigen freien Trummkraft.

Die Darstellung in Abb. 6 und den aus ihr abgeleiteten Abb. 7 und 8 ermöglicht also zunächst die Untersuchung eines leerlaufenden Riemens hinsichtlich des Einflusses von Geschwindigkeit und Vorspannung auf die Trummkräfte, sie heißt deshalb die „Leerlaufcharakteristik". Die Darstellung der Seilkräfte in einem Leerlaufdiagramm verdanken wir Stiel, der seinerseits wesentliche Voraussetzungen von Barth und Kutzbach übernahm. Wesentlich unterschieden von der Stielschen Darstellung ist die Leerlaufcharakteristik nach Abb. 6 infolge ihrer grundsätzlich abweichenden Herleitung deshalb, weil sie die Dehnung der auf den Scheiben aufliegenden Riemenbahnen berücksichtigt, während Stiel, hierin den Barthschen Gedankengängen folgend, nur die freischwebenden Bahnen betrachtet. Infolgedessen bedeutet auch die wagerechte Verschiebung der Eigengewichtskurve gegenüber der Dehnungskurve in Abb. 6 ohne weiteres eine Änderung der gesamten Riemenurlänge um die Verschiebungsstrecke, ein Sinn, der ihr in der Stielschen Darstellung notwendigerweise fehlt. Infolgedessen läßt sich ferner in der neuen Leerlaufcharakteristik, wie weiter unten an einem Beispiel gezeigt werden wird, der Einfluß des Scheibendurchmessers auf den Zusammenhang der Trummkräfte und der übertragbaren Nutzkraft verfolgen, was im Stielschen Leerlaufdiagramm ebenfalls unmöglich ist.

VI. Spannung und Dehnung im belasteten Riementrieb.

Wir belasten nun den bisher leerlaufenden Riementrieb, in dem in allen Teilen des Riemens die volle Trummkraft S_0, die freie Trummkraft S_0' und die Dehnung ε_0 unveränderlich waren. Die Belastung denken wir uns dadurch hergestellt (Abb. 9), daß an der Welle II ein bremsendes Lastmoment angebracht und an der Welle I das Kraftmoment so weit gesteigert wird, daß die verlangte Umlaufzahl erhalten bleibt. Nun eilt zunächst die treibende Scheibe um einen kleinen Winkel ζ vor, ehe die getriebene Welle in Drehung versetzt wird.

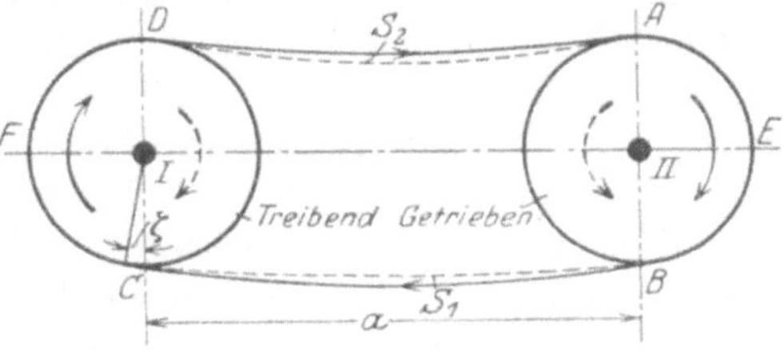

Abb. 9.

Dadurch wird aus dem unteren Trumm ein Stück der schwebenden Bahn s_1 auf die treibende Scheibe aufgewickelt. Da aber auf dieser nur das unveränderliche Maß $\pi\,r$ der Riemenlänge Platz findet, so wird eine dem aufgewickelten Stück entsprechende Riemenlänge in die schwebende Bahn s_2 des oberen Trumms überführt. Infolgedessen wird der Durchhang im unteren Trumm von der ausgezogenen auf die punktierte Linie verkleinert, derjenige im oberen Trumm entsprechend vergrößert; demnach steigen im unteren Trumm die Riemenkräfte auf die Beträge S_1, S_1' und die Dehnung auf den Betrag ε_1, während sie im oberen Trumm auf die Beträge S_2, S_2' und ε_2 abnehmen. Deshalb soll das untere Trumm nunmehr das „straffe", das obere das „lose" Trumm heißen. Die von Welle I auf Welle II übertragene Kraft ergibt sich, wenn von Verlusten einstweilen abgesehen wird, zu

$$S_n = S_1 - S_2,$$

oder da die Fliehkraft in beiden Trummen den gleichen Wert S_f besitzt, auch zu

$$S_n = (S_1' + S_f) - (S_2' + S_f) = S_1' - S_2'.$$

Für die Kraftübertragung kommt also nur der Unterschied der freien Trummkräfte [Gleichung (12)] in Betracht.

Auf dem umspannten Bogen der getriebenen Scheibe steigt die Spannung von A nach B vom Wert ε_2 auf den Wert ε_1 allmählich und stetig an. Der Verlauf des Anstieges kann erst nach den im Abschnitt VII gegebenen Darlegungen ermittelt werden. In entsprechender Weise sinkt auf der treibenden Scheibe die Spannung zwischen C und D vom Wert ε_1 auf den Wert ε_2. Doch decken sich die Kurven des Dehnungswechsels auf den beiden Scheiben nicht. Infolge dieses Dehnungswechsels entsteht eine Relativbewegung zwischen Scheibenumfang und Riemen dergestalt, daß die treibende Scheibe unter dem Riemen vorschlüpft, während die getriebene Scheibe hinter ihm zurückbleibt. Durch die zwischen Riemen und Scheibe infolge dieser Relativbewegung entstehende Reibung nimmt einerseits die treibende Scheibe den Riemen mit, andererseits der Riemen die getriebene Scheibe. Während die Richtung der Absolutbewegungen der Scheiben und des Riemens durch die ausgezogenen Pfeile dargestellt wird, haben die von den Scheiben auf den Riemen ausgeübten Kräfte die Richtung der punktierten Pfeile, die auf der treibenden Scheibe mit der Richtung der Absolutbewegung übereinstimmt, auf der getriebenen Scheibe ihr entgegengesetzt gerichtet ist. Diese beiden von den Scheiben auf den Riemen ausgeübten Kräfte weisen also von der Scheibe in das lose Trumm. Demnach wandert die infolge der Voreilung der treibenden Scheibe um den Winkel ζ aus dem straffen Trumm entnommene Riemenlänge in das lose Trumm, ebenso auch ein Zuwachs an Riemenlänge, der etwa infolge der Dehnungsänderung auf beiden umspannten Bögen entstehen sollte. Beide Anteile wirken auf Vergrößerung des Durchhanges im losen Trumm, d. h. auf Abnahme dieser Trummkraft und damit auf Vergrößerung der Nutzkraft. Mithin kann man aus der Leerlaufcharakteristik die Arbeitscharakteristik dadurch entwickeln, daß man das „straffe" Trumm stufenweise um ein bestimmtes Stück verkürzt und das „lose" Trumm jeweils um das dazugehörige Stück verlängert und dieses Verfahren so lange fortsetzt, bis die verlangte Nutzkraft entstanden ist. Hierzu kann man das in Abb. 6 dargestellte Verfahren benutzen, indem man, von der Leerlaufspannung ausgehend, die Vorspannung $l_u - a'$ stufenweise im straffen Trumm vermehrt, im losen vermindert. Festgestellt werden muß aber, welcher Grad der Verminderung im losen Trumm jeweils zu dem beliebig gewählten Grad der Vermehrung im straffen Trumm gehört. Das hängt erstens davon ab, mit welcher Länge das durch die Winkelvoreilung aus dem straffen Trumm entnommene Stück der schwebenden Bahn im losen Trumm erscheint, zweitens davon, um wieviel die Länge der schwebenden Bahn des losen Trumms durch die Dehnungsänderung der auf den Scheiben liegenden Riemenbahnen geändert wird. Um dieses festzustellen, kann man nur im Wege der Annäherung vorgehen. Es soll vorläufig angenommen werden, daß

1. die auf den Bogenstrecken EB und CF (Abb. 9) gelegene Riemenlänge die Dehnung des straffen Trumms annimmt und die auf den Bögen FD und AE gelegene diejenige des losen Trumms, mit anderen Worten, daß der Riementrieb durch die Mittellinie EF in das straffe und das lose Trumm zerteilt wird, deren jedes auf seiner ganzen Länge eine unveränderliche Dehnung aufweist;

2. die Dehnungsänderung des durch die Winkelvoreilung aus dem straffen in das lose Trumm überführten Riemenstückes vernachlässigt wird.

Mit diesen Vereinfachungen darf nun in Abb. 6 das lose Trumm um die gleichen Beträge verlängert werden, um die das straffe verkürzt wurde. Ergibt die mit diesen Vereinfachungen angestellte Ermittlung eine erhebliche Abweichung von der Wirklichkeit, so muß das Ergebnis in einer zweiten Annäherung verbessert werden. Die Größe des Fehlers ergibt sich aus folgender Betrachtung.

Im Leerlauf hat auf beiden Scheiben die Dehnung ε_0 geherrscht. Bei Übergang zur Belastung steigt diese auf den Bogenhälften EB und CF auf ε_1, während sie auf den Hälften AE und FD auf ε_2 sinkt, und zwar ist $\varepsilon_1 - \varepsilon_0$ in der Regel ein wenig kleiner als $\varepsilon_0 - \varepsilon_2$. Dieser Dehnungsverlauf, den man annimmt, wenn man dem losen Trumm die gleiche Länge zuteilt, die dem straffen Trumm entnommen ist, ist durch die geänderten Rechtecke $A A_1 E_1 E_3 B_3 B$ und $C C_3 F_3 F_1 D_1 D$ (Abb. 10) dargestellt.

Da die Abnahme an Dehnung auf den dem losen Trumm benachbarten Bögen die Zunahme auf den dem straffen Trumm benachbarten überwiegt, so erscheinen die auf den Scheiben liegenden Riemenbahnen gegenüber dem Leerlauf verkürzt um das Maß

$$\pi \cdot r[(\varepsilon_0 - \varepsilon_2) - (\varepsilon_1 - \varepsilon_0)],$$

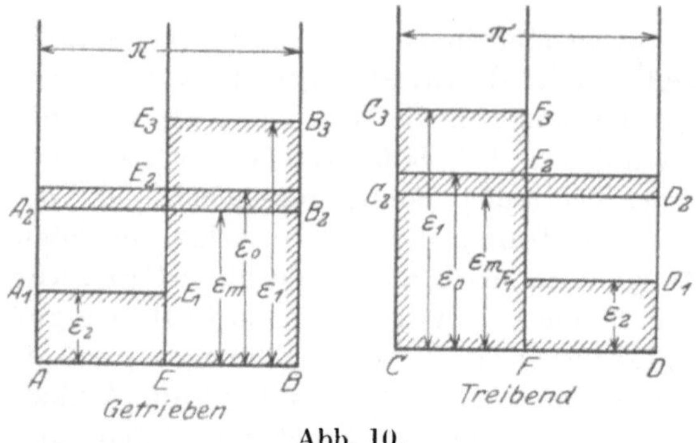

Abb. 10.

d.h. mit der Abkürzung

$$\frac{\varepsilon_1 + \varepsilon_2}{2} = \varepsilon_m$$

um

$$2\,\pi \cdot r\,(\varepsilon_0 - \varepsilon_m)\,.$$

Hierin ist $\pi \cdot \varepsilon_m$ der Inhalt des Rechtecks $A\,A_2\,B_2\,B$ oder $C\,C_2\,D_2\,D$, die ersetzt werden können durch die Paralleltrapeze (Abb. 11) $A\,A_1\,B_3\,B$ und $C\,C_3\,D_1\,D$, die einem geradlinigen Dehnungsverlauf entsprechen würden. Wäre der Dehnungsverlauf geradlinig, so wäre also das Verfahren, das dem losen Trumm die gleiche Länge zuweist, die dem straffen entnommen ist, richtig.

Nun nehmen aber die wahren Dehnungen einen grundsätzlichen Verlauf, wie er in Abb. 11 durch die Kurven $A_1\,E'\,B_3$ und $C_3\,F'\,D_1$ dargestellt ist: die Dehnungskurve verläuft auf der getriebenen Scheibe unterhalb der Geraden $A_1\,B_3$ nach oben hohl, auf der treibenden Scheibe oberhalb der Geraden $C_3\,D_1$ nach oben gewölbt. Planimentiert man die Flächen

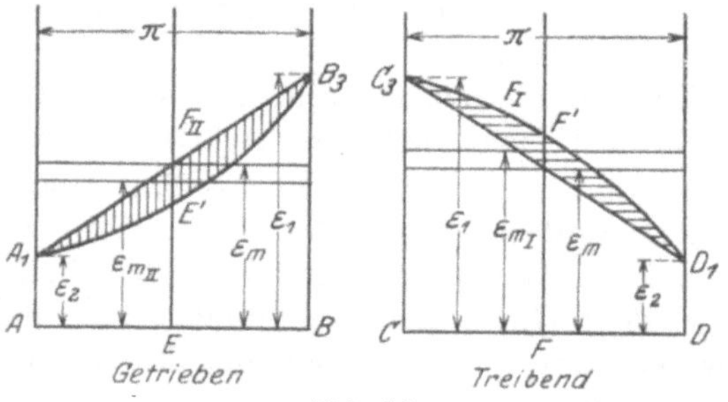

$$F = \int \varepsilon\, d\varphi$$

und bildet die Höhe des ihnen flächengleichen Rechtecks mit der Grundlinie π, so erhält man für die treibende Scheibe

Abb. 11.

$$\varepsilon_{m\,I} = \frac{\int_{C}^{D} \varepsilon\, d\varphi}{\pi} > \varepsilon_m$$

und für die getriebene Scheibe

$$\varepsilon_{m\,II} = \frac{\int_{A}^{B} \varepsilon\, d\varphi}{\pi} < \varepsilon_m\,.$$

Bildet man nun mit den Differenzen $\varepsilon_{m\,I} - \varepsilon_m$ und $\varepsilon_m - \varepsilon_{m\,II}$ die Flächen

$$\int_{C}^{D} \varepsilon\, d\varphi - \varepsilon_m\,\pi \qquad \text{und} \qquad \varepsilon_m\,\pi - \int_{A}^{B} \varepsilon\, d\varphi\,,$$

so erhält man den Inhalt der in Abb. 11 schraffierten Flächen F_I und
F_{II}. Die Urlänge der nach Annahme geradlinigen Dehnungsverlaufs
auf den Scheiben aufliegenden Riemenstücke beträgt

$$l_{u\varphi} = \frac{\pi \cdot r}{1 + \varepsilon_m}$$

für die treibende wie für die getriebene Scheibe. In Wahrheit sind die
Dehnungen auf der treibenden Scheibe größer, die Urlänge der auf der
Scheibe verbliebenen Riemenstücke ist also kleiner, nämlich nur

$$l_{u\varphi}^I = \frac{\pi \cdot r}{1 + \varepsilon_{mI}},$$

mithin ist von der treibenden Scheibe mehr Riemenlänge ins lose Trumm
abgegeben als der geradlinigen Dehnungsänderung entspricht, und zwar

$$\Delta l_{u\varphi}^I = l_{u\varphi} - l_{u\varphi}^I = \pi r \left(\frac{1}{1 + \varepsilon_m} - \frac{1}{1 + \varepsilon_{mI}} \right) \sim \pi r (\varepsilon_{mI} - \varepsilon_m). \qquad (20)$$

Andererseits sind auf der getriebenen Scheibe die Dehnungen kleiner,
die Urlänge des auf der Scheibe verbliebenen Riemenstückes also größer,
nämlich

$$l_{u\varphi}^{II} = \frac{\pi \cdot r}{1 + \varepsilon_{mII}},$$

mithin ist von der getriebenen Scheibe weniger Riemenlänge ins lose
Trumm abgegeben, als der geradlinigen Dehnungsänderung entspricht,
und zwar

$$\Delta l_{u\varphi}^{II} = l_{u\varphi}^{II} - l_{u\varphi} = \pi \cdot r \left(\frac{1}{1 + \varepsilon_{mII}} - \frac{1}{1 + \varepsilon_m} \right) \sim \pi \cdot r (\varepsilon_m - \varepsilon_{mII}). \qquad (21)$$

Um den Unterschied der Gleichungen (20) und (21)

$$\Delta l_\varphi = \pi \cdot r [(\varepsilon_{mI} - \varepsilon_m) - (\varepsilon_m - \varepsilon_{mII})] \qquad (22)$$

ist die Länge des losen Trumms bei Annahme geradlinigen Verlaufs
der Dehnung an Stelle des wirklichen Verlaufes nach Abb. 11 zu klein
angenommen. Der Wert der Gleichung (22) ist aber der Unterschied
der Inhalte der schraffierten Flächen aus Abb. 11 multipliziert mit dem
Scheibenradius. Ist nun $\Delta l\varphi$ positiv, so müßte bei Entwicklung der
Arbeitscharakteristik aus der Leerlaufcharakteristik die Verlängerung
des losen Trumms in zweiter Annäherung um dieses Maß größer genommen werden als die Verkürzung des straffen Trumms. Die erste
Annäherung, nach der die Verlängerung gleich der Verkürzung, nämlich
zu Δl angenommen wird, bedeutet also einen Fehler in Teilen von Δl
in Größe von

$$\frac{\Delta l\varphi}{\Delta l}. \qquad (23)$$

Es ist bei der Auswertung der Gleichung (22) darauf zu achten, daß die angeschriebenen Vorzeichen für den Fall gelten, daß $\varepsilon_{mI} > \varepsilon_m > \varepsilon_{mII}$ ist. Ist das nicht der Fall, liegt z. B. bei der getriebenen Scheibe die schraffierte Fläche teils über, teils unter der Geraden derart, daß die darüber liegenden Beträge überwiegen, so ist entsprechend die Summe der schraffierten Flächen in Abb. 11 in Rechnung zu setzen.

Hiernach läßt sich entscheiden, ob eine Verbesserung in zweiter Annäherung nötig ist. Ist dies der Fall, so muß das lose Trumm um das Stück $\varDelta l_u$ mehr verlängert werden, wodurch die freie Trummspannung unter das in erster Annäherung erhaltene Maß sinkt.

Die später durchgeführten Ermittlungen zeigen, daß die Abweichungen unterhalb der Genauigkeitsgrenzen der sonstigen Grundlagen, z. B. der Dehnungs- und Reibungswerte, liegen.

Die zweite Vereinfachung betraf die Dehnungsänderung des durch die Voreilung aus dem straffen Trumm ins lose Trumm überführten Riementeiles. Der Voreilwinkel ζ entnimmt bei einem Scheibenradius r aus der schwebenden Bahn des straffen Trumms ein Riemenstück von der gedehnten Länge

$$\varDelta l_1 = \zeta \cdot r \,.$$

Die Dehnung dieses Stückes ist während der Entnahme vom Betrage ε_0 der Leerlaufdehnung auf den Betrag $\varepsilon_1 = \varepsilon_0 + \varDelta \varepsilon_1$ gestiegen. Zur Beurteilung des Fehlers genügt es, einen geradlinigen Dehnungsverlauf anzunehmen. Damit ergibt sich die Urlänge des entnommenen Stückes zu

$$\varDelta l_{u1} = \frac{\varDelta l_1}{1 + \varepsilon_0 + \dfrac{\varDelta \varepsilon_1}{2}} \,.$$

Von der Ablaufstelle der treibenden Scheibe wird ein entsprechendes Stück $\varDelta l_2 = \zeta \cdot r$ ins lose Trumm überführt, und zwar beginnend mit der Dehnung ε_0 und endigend mit der Dehnung $\varepsilon_2 = \varepsilon_0 - \varDelta \varepsilon_2$. Mithin ist dessen Urlänge

$$\varDelta l_{u2} = \frac{\varDelta l_2}{1 + \varepsilon_0 - \dfrac{\varDelta \varepsilon_2}{2}} \,,$$

also ist

$$\frac{\varDelta l_{uI}}{\varDelta l_{uII}} = \frac{1 + \varepsilon_0 + \dfrac{\varDelta \varepsilon_1}{2} - \dfrac{\varDelta \varepsilon_1}{2} - \dfrac{\varDelta \varepsilon_2}{2}}{1 + \varepsilon_0 + \dfrac{\varDelta \varepsilon_1}{2}} \backsim 1 - \frac{\varepsilon_1 - \varepsilon_2}{2} \,.$$

Dieser Unterschied beträgt bei den praktisch vorkommenden Dehnungsänderungen weniger als $1/_2$ vH, kann also vernachlässigt werden.

VII. Arbeitscharakteristik.

Um nun die Arbeitscharakteristik aus der Leerlaufcharakteristik
— vorbehaltlich späterer Verbesserungen — zu entwickeln, verschiebt
man die Eigengewichtskurve gegenüber der Dehnungskurve aus ihrer
einer bestimmten Vorspannung und Geschwindigkeit des Riemens entsprechenden Leerlauflage nach links und rechts um gleiche willkür-

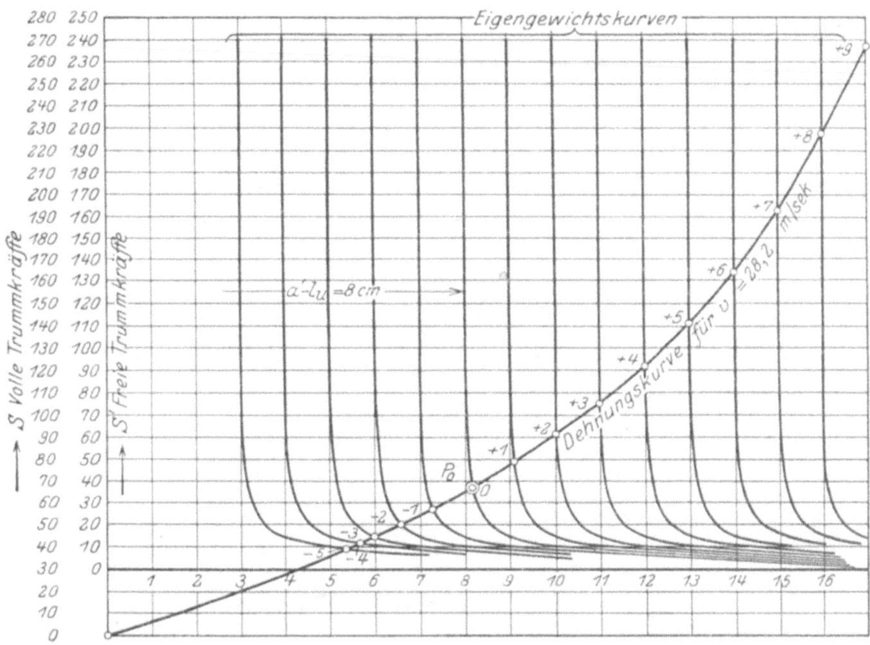

Abb. 12. Entwicklung der Arbeitskurve aus der Leerlaufcharakteristik.
Riemen 10 cm breit, 0,412 kg/m schwer, Achsenabstand 700 cm, Scheibendurchmesser 100 cm,
Fliehkraft 30 kg bei 28,2 m/sec Riemengeschwindigkeit.

lich angenommene Strecken $\Delta l = \zeta r$; am einfachsten in der Weise,
daß man sie auf durchsichtiges Papier zeichnet, sie auf die auf Milli-
meterpapier gezeichnete Dehnungskurve legt und für jede Lage die
Schnittpunkte abliest oder durchsticht, wie dies Abb. 12 zeigt. Dabei
muß man, wenn der liegende Ast der Eigengewichtskurve gebraucht
wird, zur Erzielung ablesbarer Werte den Maßstab ändern und verschiebt
dann am besten das kurze benutzte Stück der Dehnungskurve gegen
die Eigengewichtskurve, wie Abb. 13 zeigt. Trägt man die gefundenen
Trummkräfte in Abhängigkeit von den Änderungen Δl der Riemenlänge
auf, so erhält man die Arbeitskurve Abb. 14. In ihr bedeuten zwei zur

gleichen Längenänderung oberhalb und unterhalb des Leerlaufpunktes gehörige Schnittpunkte (z. B. $6-6'$) die freien Kräfte S_1' des straffen und S_2' des losen Trumms, ihr Unterschied die Nutzkraft S_n. Die Abszissen bedeuten die Verschiebung aus dem straffen in das lose Trumm und in entsprechendem Maßstabe auch den zugehörigen Voreilungs-

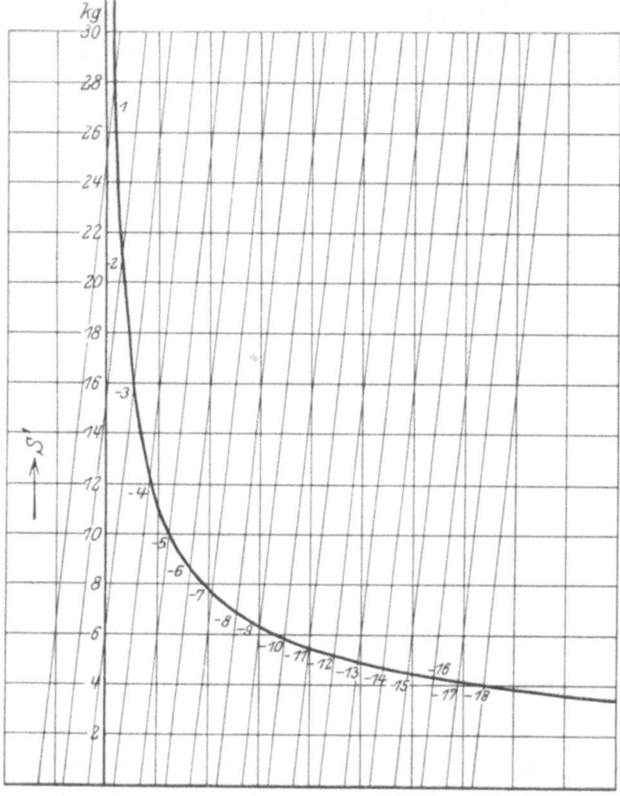

Abb. 13. Unterer Teil von Abb. 12 (vergrößert).

winkel. Um die Zusammengehörigkeit von S_1 und S_2 zu verdeutlichen, klappt man, wie dies schon Kutzbach für die freischwebenden Bahnen gezeigt hat, den unterhalb des Leerlaufpunktes gelegenen Kurvenast herum. In die Arbeitscharakteristik zeichnet man nun die gefundenen Werte, am anschaulichsten in Abhängigkeit von der Nutzkraft, ein (Abb. 15). In diese Abbildung ist außerdem die Summe $S_1' + S_2'$, d. h. die Lagerbelastung oder Achskraft, eingetragen und der Quotient der freien Trummkräfte $S_1' : S_2'$, der den Kraftumsatz auf dem Scheibenumfang angibt. Durch Hinzufügen der Riemenfliehkraft zu den freien Trummkräften ergeben sich die vollen Trummkräfte S_1 und S_2. Hiervon er-

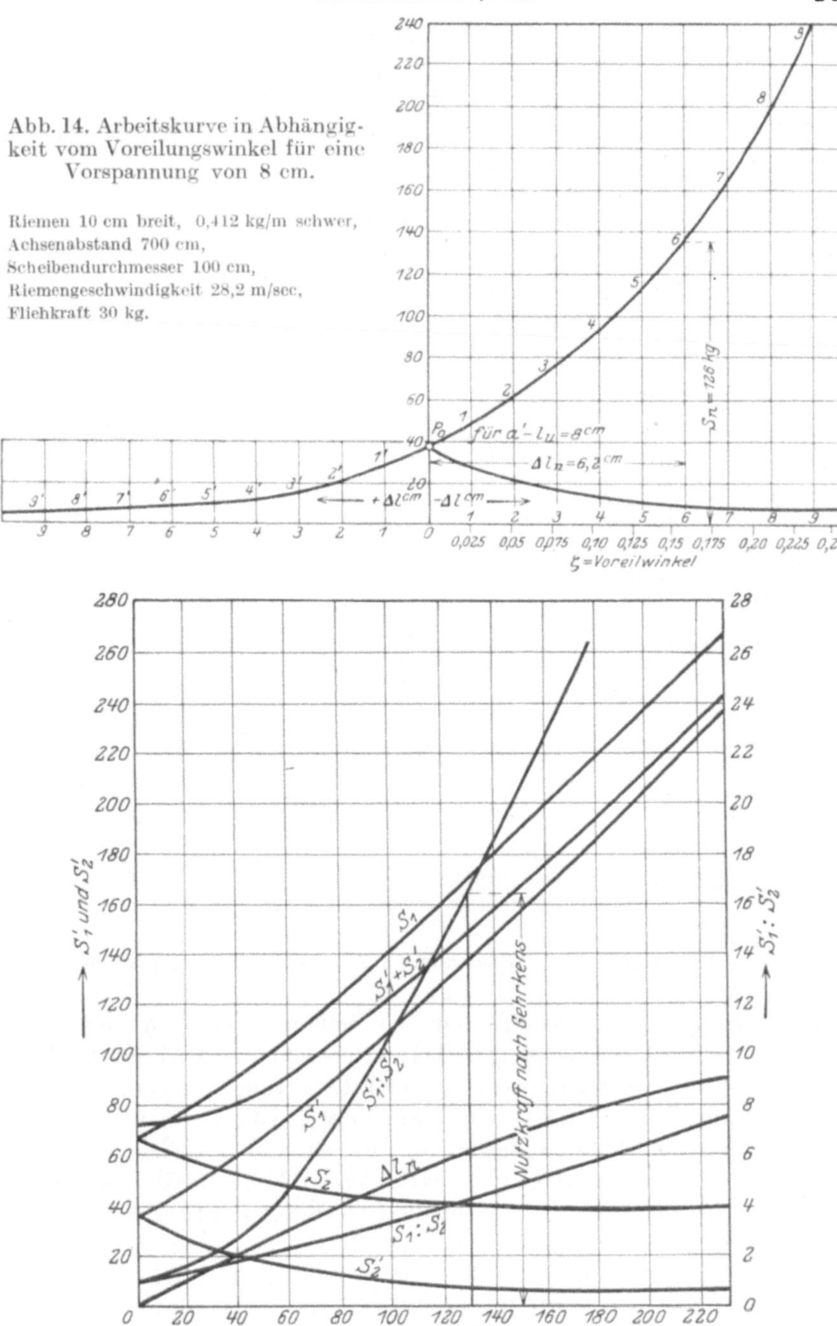

Abb. 14. Arbeitskurve in Abhängigkeit vom Voreilungswinkel für eine Vorspannung von 8 cm.

Riemen 10 cm breit, 0,412 kg/m schwer,
Achsenabstand 700 cm,
Scheibendurchmesser 100 cm,
Riemengeschwindigkeit 28,2 m/sec,
Fliehkraft 30 kg.

Abb. 15. Arbeitscharakteristik für eine Vorspannung von 8 cm.

gibt S_1 die Höchstbeanspruchung des Riemens, die mit entsprechender
Sicherheit unter der Zerreißfestigkeit des Leders bleiben muß. Neben
der Höchstbeanspruchung ist für die Lebensdauer des Riemens von er-
heblicher Bedeutung der Quotient der vollen Trummkräfte $S_1 : S_2$,
der den Wechsel der Spannungen
ergibt, dem der Riemen jedesmal
beim Übergang über eine Scheibe
ausgesetzt ist. Wie alle Stoffe, so leidet
auch Leder unter dem An- und Abschwellen
der Belastung erheblich mehr als unter
einer ruhenden Last. Diesem Spannungswechsel wird bei Riementrieben nicht
immer genügende Beachtung geschenkt; es
wird daher später hiervon noch ausführ-
licher zu sprechen sein.

Eine besondere Betrachtung verlangt
der Kraftumsatz $S_1' : S_2'$. Er gibt an, um
wieviel die Spannung beim Übergang vom
losen Trumm in das straffe Trumm durch
Vermittlung der Reibung zwischen Riemen und Scheibe sich ändern muß, damit
die verlangte Nutzkraft sich bei der ge-

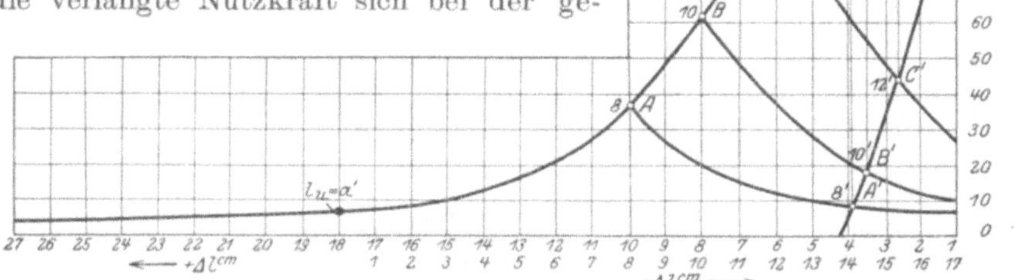

Abb. 16. Entwicklung der Arbeitskurve für verschiedene Vorspannungen.

wählten Vorspannung einstellt. Ob die Reibung hierzu tatsächlich
ausreicht, wird im Abschnitt VIII untersucht werden; einstweilen
können wir auf Grund der vorliegenden Erfahrungen sagen, daß für
normale Betriebsverhältnisse ein Kraftumsatz von etwa 4 die obere
Grenze darstellt. Abb. 15 ergibt für die nach den üblichen Zahlen
von Gehrkens angenommene Nutzlast einen Kraftumsatz von 16,4,
der jedenfalls zu hoch ist. Das heißt, daß die gewählte Vorspannung
von 8 cm für die verlangte Nutzkraft von 130 kg zu gering ist. Um den
Einfluß der Vorspannung bei der vorgeschriebenen Nutzkraft zu erkennen, zeichnet man (Abb. 16) die Arbeitskurve neben ihrer ursprüng-
lichen Lage ($ABCD$) um 130 kg nach unten verschoben ($A'B'C'D'$),
klappt bei den Vorspannungen $8/10/12/14$ cm die ursprüngliche Kurve

um und erhält in den Schnittpunkten $8'/10'/12'/14'/$ mit der herunterge-
rückten Kurve die gesuchten Werte S_2'; senkrecht darüber auf der ur-
sprünglichen Kurve in den Punkten $8''$ $10''$ $12''$ $14''$ die zugehörigen
Werte S_1'. In Abb. 17 sind hiernach für $S_n = 130$ kg und verschiedene
Vorspannungen die freien Trummkräfte, die Ziffern des Kraftumsatzes

und des Spannungswechsels sowie
die Lagerbelastung aufgetragen.
Etwa bei 12,5 cm Vorspannung ergeben sich brauchbare Verhältnisse.
Der Kraftumsatz ist auf 3,8 gesunken,
die Riemenhöchstkraft stellt sich
auf 214 kg, d. h. 21,4 kg/cm, was
bei dem Spannungswechsel von 2,6
zulässig ist. Die Lagerbelastung ist
234 kg, d. h. das 1,8fache der Nutzkraft, ein günstiger Wert.

In gleicher Weise läßt sich nun
auch der Einfluß des Achsenabstandes auf die Kraft- und Ar-
beitsverhältnisse untersuchen. Dies
ist für einen Riemen von 100 mm
Breite, einen Scheibendurchmesser
von 1000 mm, eine Nutzkraft von
130 kg und eine Riemengeschwindigkeit von 20 m pro Sekunde für
die Achsenabstände 2 m — 3 m —7 m
in der Abb. 18 a—c geschehen. Vergleicht man dabei für einen bestimmten Kraftumsatz z. B. 4 — die
Trummkräfte, so müssen diese natürlich für alle Achsenabstände
gleich sein, da sie ja durch S_n und
$S_1' : S_2'$ bestimmt sind. Vergleicht
man aber die Vorspannungen $\varDelta l$,

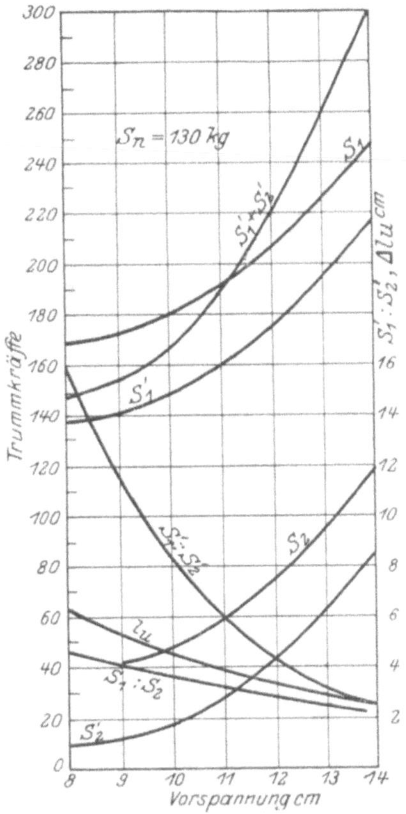

Abb. 17. Arbeitscharakteristik
für verschiedene Vorspannungen.

so ergeben sich diese zu 4,75 : 6 : 11,3 —; sie stehen also zueinander
nicht im Verhältnis der Achsenabstände 2 : 3 : 7, sondern fast genau
im Verhältnis der gesamten Riemenlängen, d. h. der schwebenden und der auf den Scheiben aufliegenden Bahnen zusammen, d. h.
357 : 457 : 857. Wählt man die Vorspannung noch etwas größer, so
stellt sich dieses Verhältnis innerhalb der üblichen Genauigkeit der Auftragung fast ganz ein. Der Grund ergibt sich aus Abb. 19. Hier sind
in ausgezogenen Linien die Arbeitskurven $a/b/c$ für die 3 Achsenabstände eingetragen; alsdann sind die Werte $\varDelta l$ der Kurven a und b im

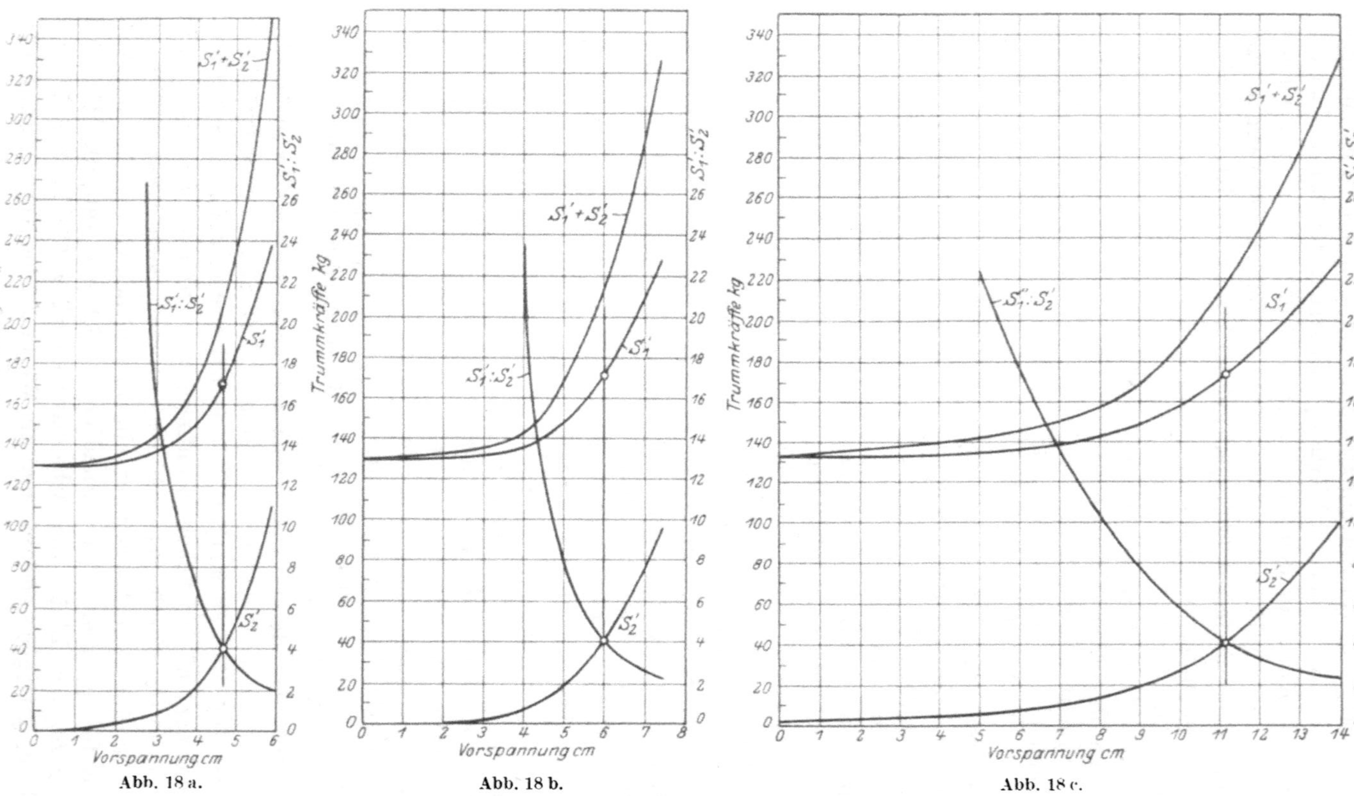

Abb. 18 a—c. Einfluß des Achsenabstandes.

Riemen 10 cm breit, 0,412 kg/m, Nutzkraft 130 kg, Riemengeschwindigkeit $v = 20$ m/sec, Scheibendurchmesser 100 cm. Achsenabstand 200, 300, 700 cm.

Verhältnis der Riemenlängen also 837 : 357 und 837 : 457 vergrößert und die neuen Kurven gestrichelt eingetragen. Sie decken sich mit der Kurve für c bis zur Trummkraft 50 kg genau, und erst für geringe Trummkräfte zeigt sich eine merkliche Abweichung. Die geringen Trummkräfte haben aber nur für sehr geringe Nutzkraft S_n oder sehr hohen Kraftumsatz Bedeutung. Mit anderen Worten: Die Eigengewichtskurve besteht (Abb. 12) in der Hauptsache aus einem stehenden

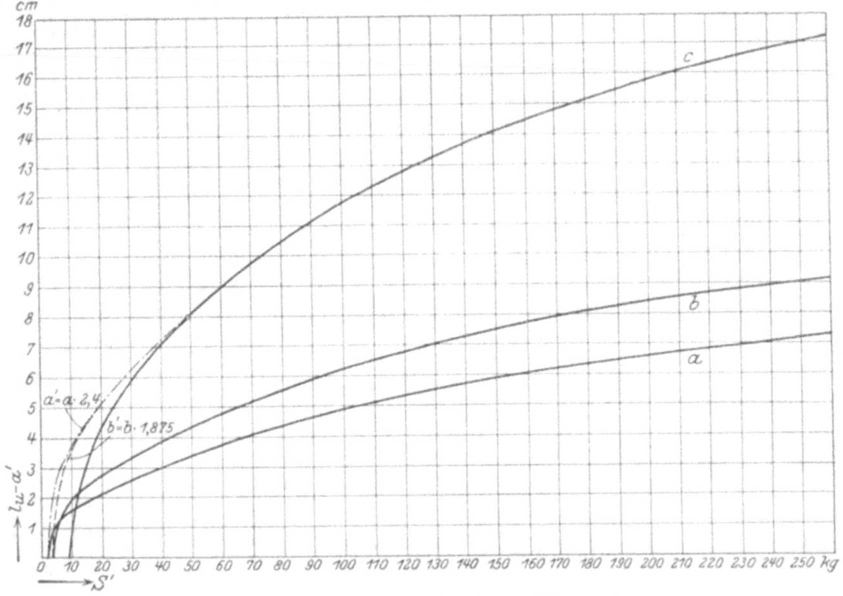

Abb. 19. Vergleich verschiedener Riemenlängen.

Scheibendurchmesser 100 cm. a Achsenabstand = 200 cm, b Achsenabstand = 300 cm, c Achsenabstand = 700 cm. Geschwindigkeit 20 m/sec. Riemenbreite 10 cm, Dicke 4 mm, Gewicht 0,412 kg/m. $l_{uI} = 357$ cm, $l_{uIII} : l_{uI} = 2{,}40$; $l_{uII} = 457$ cm, $l_{uIII} : l_{uII} = 1{,}875$; $l_{uIII} = 857$ cm, $l_{uIII} : l_{uIII} = 1$.

und einem liegenden Ast mit dazwischenliegendem Übergangsbogen. Für Riementriebe sind nun praktisch belangreich diejenigen Schnittpunkte der Eigengewichtskurve mit der Dehnungskurve, die in den stehenden Ast der ersteren fallen. Für diesen sind aber die Abszissen wenig von Null verschieden. Es ergibt sich also, daß für die Beurteilung der Spannungs- und Kraftübertragungsverhältnisse der Riemen- triebe die Riemenlänge von erheblicherer Bedeutung ist, als der Achsenabstand. Richtige Ergebnisse kann man also nur aus einer Berechnung erhalten, welche die auf den Scheiben aufliegen- den Riemenlängen berücksichtigt. Ferner ergibt sich, daß Riementriebe mit verschiedenen Riemenlängen unter annähernd gleichen Spannungs- und Kraftverhältnissen arbeiten, wenn sie proportional

ihren Riemenlängen vorgespannt sind. Hierbei zeigt sich nun die Über-
legenheit des längeren Riemens darin, daß bei ihm ein Unterschied
von z. B. 1 cm Urlänge die Spannungs- und Kraftübertragungsverhältnisse weit weniger beeinflußt, als bei kurzem Riemen.
Z. B. bedeutet (Abb. 18a) 1 cm Vorspannung weniger bei 2 m Achsenabstand, daß der Kraftumsatz von 4 auf 8,3 steigen müßte, um die gleiche
Nutzkraft zu erreichen, ein Wert, der sich nur ausnahmsweise einstellen
wird, wogegen bei 7 m Achsenabstand und gleicher Vorspannungsände-
rung (Abb. 18c) der Kraftumsatz nur auf 5,4 anwächst. Andererseits
steigert 1 cm Vorspannung mehr bei 2 m Achsenabstand die freie Kraft
im straffen Trumm von 172 kg auf 225 kg, bei 7 m Achsenabstand nur
auf 190 kg. Auch in einem weiteren Punkt äußert sich der Vorteil größerer Riemenlänge, nämlich im Vor-
eilwege. Auch diese verhalten
sich sehr ange-nähert proportional den Riemen-längen; sie sind
in Abb. 20 für die behandelten
Achsenabstände und für verschiedene Nutzspan-nungen aufgetragen. Für 130 kg Nutzkraft steht
einem Voreilwege von 1,5 cm bei 2 m

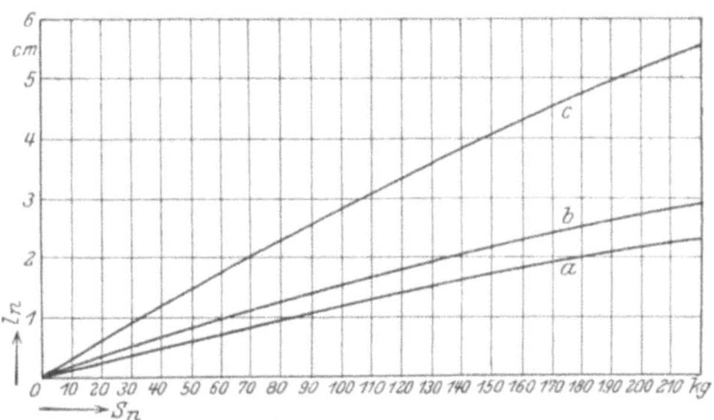

Abb. 20. Voreilungsstrecken in Abhängigkeit von der
Nutzkraft bei verschiedenen Achsenabständen.

a: 200 cm Achsenabstand, *b*: 300 cm Achsenabstand, *c*: 700 cm Achsen-
abstand. Riemen 10 cm breit, 0,412 kg/m, $v = 20$ m/sec, $D = 100$ cm.
Achsenabstand: $a = 200$, $b = 300$, $c = 700$.
Vorspannung: 4,75, 6,05, 11,40.

Achsenabstand ein solcher von 3,6 cm bei 7 m Achsenabstand
gegenüber; das bedeutet, daß bei größerem Achsenabstand die
Belastung sehr viel nachgiebiger aufgenommen wird, während
bei kurzem Achsenabstand der Übergang vom Leerlauf zur Belastung
fast stoßartig erfolgt. Dagegen bietet der längere Riemen keinen
Vorteil gegenüber denjenigen Dehnungsänderungen, die aus Temperatur-
oder Feuchtigkeitsänderungen der Betriebsräume hervorgehen, da
diese Dehnungen sich proportional der Riemenlänge vollziehen.

Die Feststellung, daß für die Spannungs- und Kraftübertragungsverhältnisse die Riemenlänge von entscheidenderem Einfluß ist, als der
Achsenabstand, kann man auch mit anderen Worten dahin ausdrücken,
daß in Gleichung (18) dem Gliede der Dehnungskurve $\varepsilon\, l_u$ eine erheblich
größere Bedeutung innewohnt als dem Gliede der Eigengewichtskurve

$\dfrac{q^2 \cdot a^3}{24\,S'^2}$. Um dieses zu verdeutlichen, ist in Abb. 21 für 3 verschiedene Riementriebe die Arbeitskurve einmal unter Berücksichtigung der

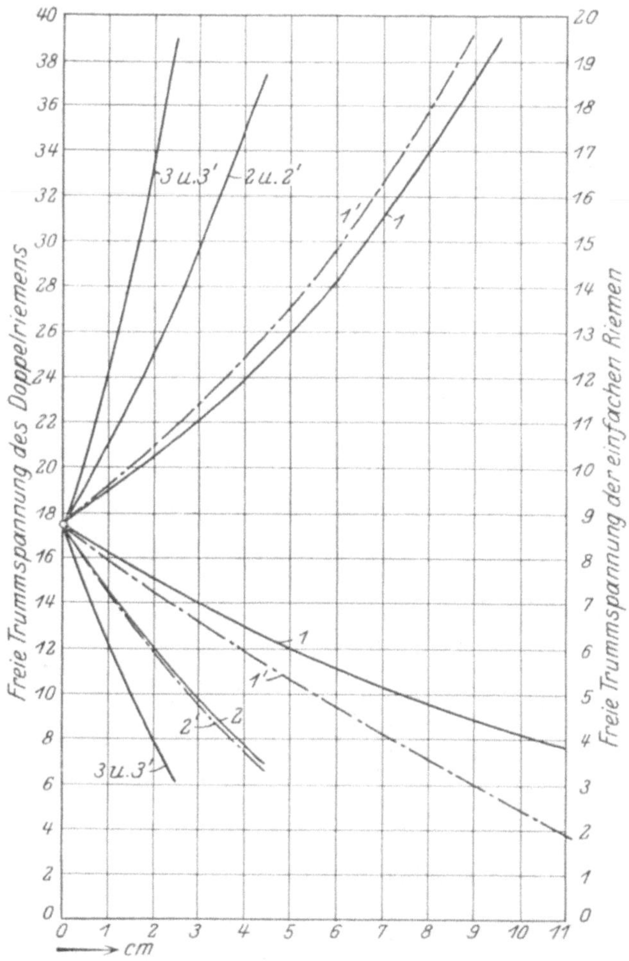

Abb. 21. Vergleich der Arbeitskurven mit und ohne Berücksichtigung des Eigengewichts für verschiedene Achsenabstände.
1. Doppelriemen Achsenabstand 1800 cm. 2. Einfacher Riemen Achsenabstand 700 cm. 3. Einfacher Riemen Achsenabstand 300 cm. Kurven *1*, *2*, *3* mit, *1'*, *2'*, *3'* ohne Berücksichtigung des Eigengewichts

Eigengewichtskurve, das zweite Mal ohne diese (d. h. mit Unterdrückung des Gliedes $\dfrac{q^2 \cdot a^3}{24\,S'^2}$ aufgetragen. Für den ersten Riementrieb (Doppelriemen mit 18 m Achsenabstand und 2 m Scheibendurchmesser, Kurve *1* und $1'$) ist der Unterschied erheblich, für den zweiten Riementrieb (einfacher Riemen mit 7 m Achsenabstand und 1 m Scheibendurch-

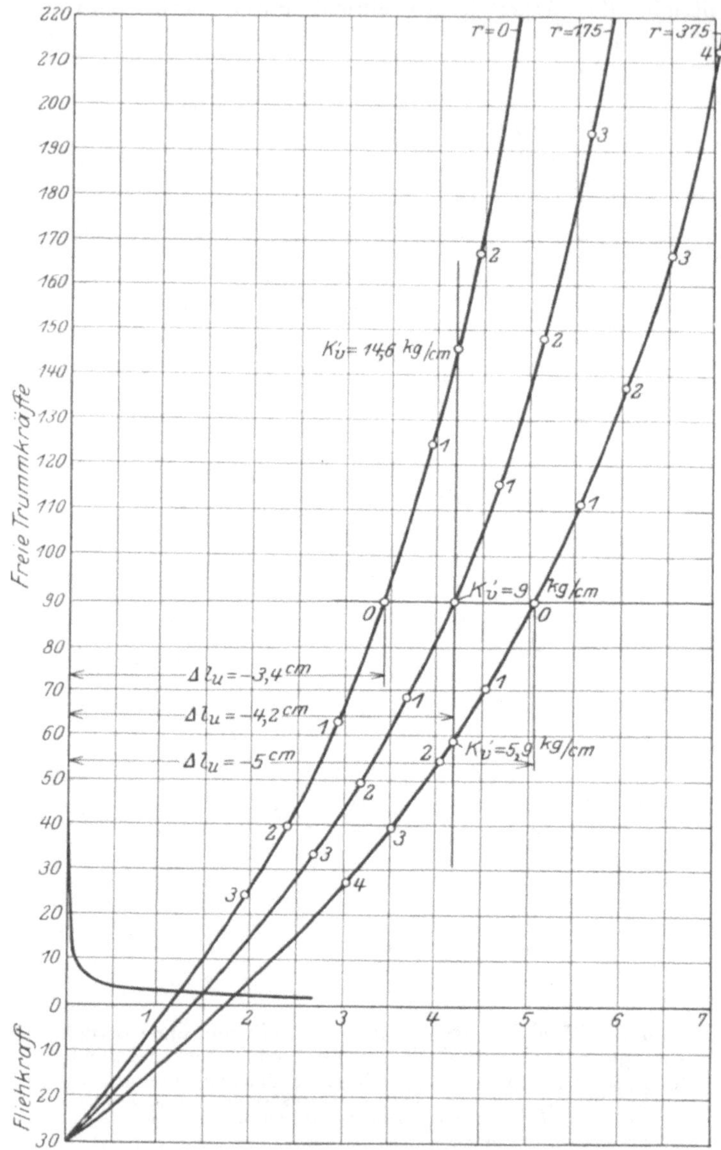

Abb. 22. Vergleich verschiedener Scheibendurchmesser.
Leerlaufcharakteristik.

$a = 250$ cm, $b = 10$ cm, $d_0 = 0$ (Barthsche Annäherung), $d_1 = 35$, $d_2 = 75$.

I. $k_r' = 9$ kg/cm: $r = 0$, $\Delta l_u = -3,4$ cm; $r = 17,5$, $\Delta l_u = -4,2$ cm; $r = 37,5$, $\Delta l_u = -5,0$ cm.

II. $\Delta l_u = -4,2$ cm: $r = 0$, $k_v' = 14,6$ kg/cm; $r = 17,5$, $k_v' = 9,0$ kg/cm; $r = 37,5$, $k_v' = 5,9$ kg/cm.

messer, Kurve *2* und *2'*) beträgt er $1^1/_2$ vH, für den dritten Riementrieb (3 m Achsenabstand und 1 m Scheibendurchmesser, Kurve *3* und *3'*) ist er verschwindend. Abgesehen von sehr großen Achsenabständen wird man daher näherungsweise ausreichend vorgespannte Riementriebe berechnen dürfen, ohne das Eigengewicht in Gleichung (18) zu berücksichtigen. Hierauf wird bei Behandlung schräg gerichteter Riementriebe zurückzukommen sein. Endlich ist in Abb. 22 die Leerlaufcharakteristik eines Riementriebes von 2,5 m Achsenabstand für verschiedene Scheibendurchmesser aufgetragen, und zwar für den Scheibendurchmesser 0, was der von Stiel benutzten Barthschen Ersatzanordnung entspricht, d. h. der Vernachlässigung der auf den Scheiben aufliegenden Riemenlängen und für den Scheibendurchmesser 350 und 750 mm; um gleiche Vorspannung, z. B. 9 kg/cm, zu erhalten, muß der Wert $\varDelta l_u = a' - l_u$ in den drei verschiedenen Fällen 3,4 cm, 4,2 cm, 5 cm betragen. Andererseits ergibt eine einheitliche Riemenlänge von $a' - l_u = 4,2$ cm in den drei Fällen Vorspannungen von 14,6, 9, 5,9 kg/cm. Wiederum ergibt sich also, daß nur unter Berücksichtigung der auf den Scheiben aufliegenden Riemenlängen richtige Ergebnisse erhalten werden können.

VIII. Kraftübertragung zwischen Riemen und Scheibe.

Durch die vorangegangenen Untersuchungen sind die Kräfte ermittelt, die im losen und straffen Trumm auftreten und deren Unterschied die Nutzkraft ergibt. Es ist nun weiter festzustellen, ob die Reibung zwischen treibender Scheibe und Riemen einerseits und zwischen Riemen und getriebener Scheibe andererseits genügt, um diese Nutzkraft von der treibenden Scheibe an den Riemen und von dem Riemen an die getriebene Scheibe abzugeben. Ist das nicht der Fall, so tritt Schlupf zwischen Riemen und Scheibe ein. Über die Größe der Reibungskraft können nur Versuche Aufschluß geben. Die heutige Theorie nimmt meistens zwei Faktoren der Reibungskraft an; erstens die Kraft, mit der der Riemen gegen die Scheibe gepreßt wird (Druckreibung), zweitens die Fläche, in der sich Riemen und Scheibe berühren (Flächenreibung). Versuche im Maschinenelementelaboratorium der Technischen Hochschule Danzig haben allerdings die Abhängigkeit der Reibungskraft von der Berührungsfläche nicht ergeben; doch soll ihr möglicher Einfluß bei Aufstellung der Gleichungen berücksichtigt werden. Da der bewegte Riemen durch die in ihm herrschende volle Trummkraft S an die Scheibe gepreßt und durch die Riemenfliehkraft S_f vom Scheibenumfang abgezogen wird, so liegt er gegen den Scheibenumfang mit dem Unterschied dieser Kräfte, d. h. mit der freien Trummkraft S', an. Aus dieser Kraft rührt für den Bogen $d\varphi$ bei einer Reibungsziffer μ

für die Druckreibung ein Zuwachs an Riemenkraft her von der Größe

$$\mu\,S'\,d\varphi\,.$$

Der von der Flächenreibung herrührende Zuwachs an Riemenkraft wird der Fläche proportional gesetzt, beträgt also für den Bogen $d\varphi$ und mit einer Reibungsziffer ν für die Flächenreibung

$$\nu\,b\,r\,d\varphi\,,$$

wenn b die Breite der Scheibe und r den Halbmesser bedeutet. Mithin ist der gesamte Zuwachs

$$dS' = (\mu\,S' + \nu\,b\,r)\,d\varphi\,,$$

wofür man mit Stiel schreiben kann

$$dS' = \mu\left(S' + \frac{\nu}{\mu}\,b\,r\right)d\varphi\,,$$

oder mit der Abkürzung

$$S_\nu' = \frac{\nu}{\mu}\,b\,r\,,$$

$$dS' = \mu(S' + S_\nu')\,d\varphi\,. \tag{24}$$

Wäre μ von S' und μ und ν von $d\varphi$ unabhängig, so ergäbe sich aus Gleichung (24) durch Integration über den umspannten Bogen α

$$S_1' = (S_2' + S_\nu')\,e^{\mu\,\alpha} - S_\nu'\,. \tag{25}$$

Nun ist aber μ jedenfalls von der Relativgeschwindigkeit zwischen Riemen und Scheibe abhängig. Eine solche Relativgeschwindigkeit kann infolge von Gleitschlupf eintreten; dann ist sie über den Scheibenumfang unveränderlich, also von S' und φ unabhängig; sie muß ferner stets eintreten infolge der Dehnungsänderung, die der Riemen beim Übergang über die Scheiben erleidet. Da die Dehnung sich nicht geradlinig ändert, so ist hiernach die Relativgeschwindigkeit und mit ihr μ jedenfalls von φ abhängig. Ferner zeigen die Versuche aber, daß μ stark von der Anpressungskraft abhängt. Da diese nun mit φ wächst, so ist auch aus diesem Grunde μ mit φ veränderlich. Die durch Gleichung (25) gegebene Integration ist also analytisch unmöglich. Sollten weitere Versuche das Vorhandensein einer Flächenreibung doch noch ergeben, so sind für sie ähnliche Verhältnisse zu vermuten.

Die Gleichung (24) kann aber zeichnerisch ausgewertet werden. Es kommt darauf an, das Anwachsen der Reibungskraft in Abhängigkeit von dem umspannten Bogen zu ermitteln. Schreibt man Gleichung (24)

$$d\varphi = \frac{dS'}{\mu\,(S' + S_\nu')} = dS'\cdot\frac{1}{\mu\,(S' + S_\nu')}\,, \tag{26}$$

so erhält man

$$\varphi = \int\frac{dS'}{\mu\,(S' + S_\nu')}\,. \tag{27}$$

Diese Gleichung ist zeichnerisch zu lösen, sobald es gelingt, μ und S_v' in Abhängigkeit von S' zeichnerisch aufzutragen (Abb. 23), denn dann stellt Gleichung (26) ein Vertikalelement der gezeichneten Fläche dar und man erhält, indem man diese streifenweise planimetriert, die Werte der Reibungskraft für verschiedene Umspannungswinkel (Abb. 24). Dabei können drei Fälle eintreten, je nachdem die verlangte Nutzkraft S_n erhalten wird

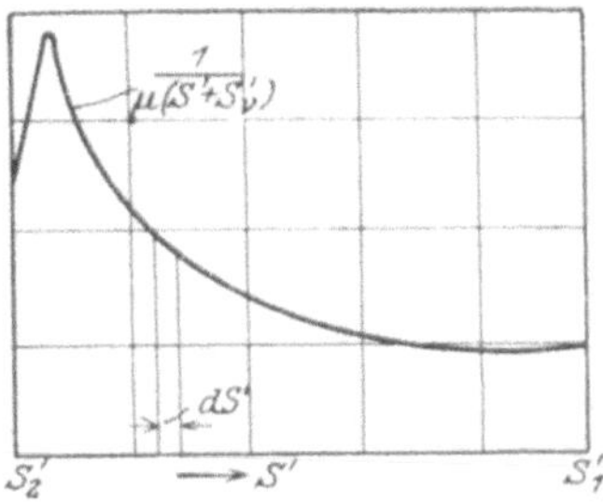

Winkelflächendiagramm.
Abb. 23.

1. auf einem umspannten Bogen $\varphi = \alpha$; dann reicht der Winkel gerade für die Herstellung der verlangten Nutzkraft aus;

2. auf einem Bogen $\varphi < \alpha$; dann ist der Umspannungswinkel größer als für die Herstellung der verlangten Nutzkraft erforderlich ist;

3. auf einem Bogen $\varphi > \alpha$; dann ist der umspannte Bogen zu klein, um die Nutzkraft aus dem Dehnungsschlupf zu gewinnen; es muß also Gleitschlupf eintreten.

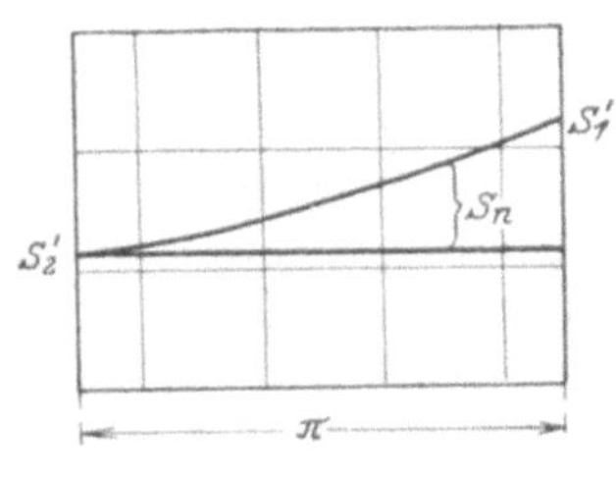

Abb. 24.

Dabei bleibt es fraglich, ob dieser bei der vorhandenen Vorspannung des Riemens in solcher Größe auftreten kann, daß die geforderte Nutzkraft überhaupt erreicht wird.

IX. Zusammenhang zwischen Dehnung und Relativgeschwindigkeit.

Die Riemengeschwindigkeit v weicht von der Scheibenumfangsgeschwindigkeit u um den Betrag des Gleitschlupfes w_g und des Dehnungsschlupfes w_d ab; sie ist auf der treibenden Scheibe um diese Beträge kleiner, auf der getriebenen Scheibe größer. Umfangsgeschwindigkeit und Gleitschlupf sind auf einer Scheibe unveränderlich; der Dehnungsschlupf ist im Auflaufpunkt $= 0$ und wächst zum Ablaufpunkt hin. Also ergeben sich für die treibende Scheibe erstens für den Auflaufpunkt, zweitens für einen zum beliebigen Winkel φ gehörigen Punkt die folgenden Gleichungen (28) und (29), in denen der Index I den ganzen Umfang der treibenden Scheibe, der Index 1 deren Auflaufpunkt kennzeichnet, während das Fehlen des Index einen beliebigen Punkt des Scheibenumfanges bedeutet.

$$v_1 = u_I - w_{g\,I}, \tag{28}$$

$$v = u_I - w_{g\,I} - w_d, \tag{29}$$

daher ist

$$w_d = v_1 - v \, .$$

Nun ist

$$v = \frac{dl}{dt} = \frac{dl_u}{dt} (1 + \varepsilon) \, .$$

Ferner ist die Dehnung beim Auflauf auf die treibende Scheibe ε_1, also

$$v_1 = \frac{dl_u}{dt} (1 + \varepsilon_1) \qquad\qquad (30)$$

und damit

$$w_d = \frac{dl_u}{dt} (1 + \varepsilon_1 - 1 - \varepsilon) = \frac{dl_u}{dt} (\varepsilon_1 - \varepsilon) \, ,$$

daher mit Gleichung (30)

$$w_d = v_1 \frac{\varepsilon_1 - \varepsilon}{1 + \varepsilon_1} \, . \qquad\qquad (31)$$

In gleicher Weise ergibt sich für die getriebene Scheibe, wenn der Index II deren ganzen Umfang, der Index 2 den Auflaufpunkt kennzeichnet, während das Fehlen des Index einen beliebigen Punkt des Scheibenumfanges bedeutet,

$$v_2 = u_{II} + w_{gII} \, ,$$

$$v = u_{II} + w_{gII} + w_d \, ,$$

$$w_d = v - v_2 \, ,$$

$$w_d = \frac{dl_u}{dt} (\varepsilon - \varepsilon_2) = v_2 \frac{\varepsilon - \varepsilon_2}{1 + \varepsilon_2} \, . \qquad\qquad (32)$$

Demnach ist die größte Relativgeschwindigkeit im Ablaufpunkt der treibenden Scheibe, wenn $(\varepsilon_1 - \varepsilon_2) = \varDelta \varepsilon$ und $1 + \varepsilon_1 \sim 1$ gesetzt wird,

$$w_{I_{max}} = w_{gI} + v_1 \varDelta \varepsilon$$

und diejenige der getriebenen Scheibe entsprechend

$$w_{II_{max}} = w_{gII} + v_{II} \varDelta \varepsilon \, .$$

Hierin kann zwecks Bestimmung der Relativgeschwindigkeiten zunächst gesetzt werden

$$v_1 \sim v_2 \sim u_I \, .$$

Dagegen sind für die Bestimmung der Geschwindigkeits- und Energieverluste natürlich die Unterschiede u_I, v_1 und u_{II}, v_2 auseinanderzuhalten. Zu beachten ist hierbei, daß der Dehnungsschlupf zwar auf der treibenden Scheibe einen Verlust an Riemengeschwindigkeit verursacht, dem eine verminderte Umfangsgeschwindigkeit der getriebenen Scheibe entspricht, daß aber der Dehnungsschlupf auf der getriebenen Scheibe die Umfangsgeschwindigkeit dieser Scheibe nicht weiter beeinflußt, da er in einer Zunahme der Riemengeschwindigkeit besteht, der die Scheibe nicht folgt. Mit anderen Worten: der Dehnungsschlupf tritt nur einmal als Geschwindigkeits- und Energieverlust auf. Dahingegen wirkt ein Gleitschlupf auf jeder Scheibe, auf der er auftritt, auf Verminderung der Umfangsgeschwindigkeit; er muß also mit seinem für jede Scheibe gültigen Wert als Geschwindigkeits- und Energieverlust in Rechnung gesetzt werden, und zwar zu dem stets unvermeidlichen Dehnungsschlupf hinzu. Hieraus ergibt sich, daß mit Rücksicht auf den Wirkungsgrad Gleitschlupf nur in beschränktem Umfange zugelassen werden darf.

Der Dehnungsschlupf kann nun für beide Scheiben nach den Gleichungen (31) und (32) aus der Dehnungskurve abgelesen werden, wie dies Stiel bereits gezeigt hat und wie es in Abb. 25 und 26 angegeben ist. Ist eine Gleitgeschwindigkeit vorhanden, so ist diese der Dehnungsgeschwindigkeit zuzuzählen, wie dies Abb. 26 in den punktierten Linien zeigt. Damit ist die Relativgeschwindigkeit in Abhängigkeit von der freien Trummkraft bzw. der freien Trummspannung bekannt.

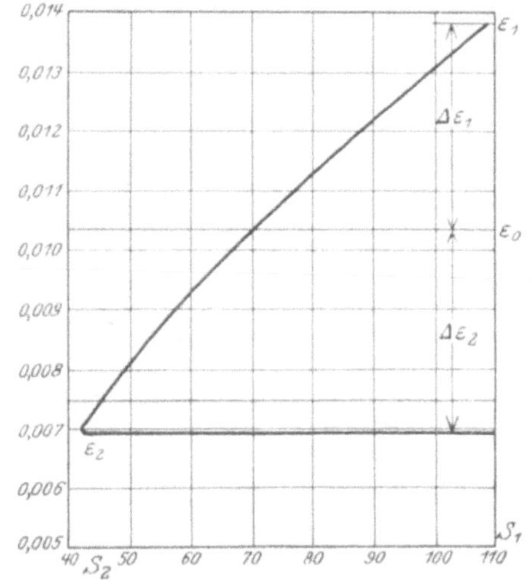

Abb. 25. Dehnungsverlauf.

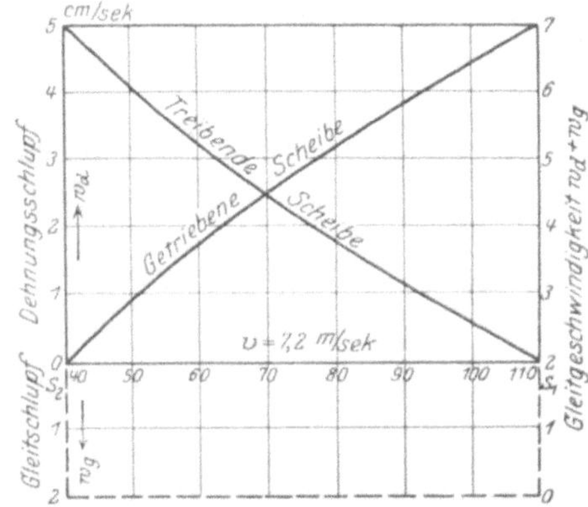

Abb. 26. Dehnungsschlupf als Funktion der Riemenkraft und zusätzlicher Gleitschlupf.

X. Zusammenhang zwischen Reibungsziffer und Relativgeschwindigkeit bzw. freier Trummspannung.

Nun wird die Größe der Reibungsziffer in Abhängigkeit von der Relativgeschwindigkeit gebraucht. Diese Abhängigkeit kann nur durch

Versuche bestimmt werden; dabei ergibt sich, wie schon erwähnt, daß die Reibungsziffer gleichzeitig vom Anpressungsdruck abhängt. Von der Flächenreibung wird im weiteren abgesehen, also wird in Gleichung (24) und (27) das Glied S'_ν unterdrückt. Man erhält also eine Kurvenschar, wie sie grundsätzlich in Abb. 27 dargestellt ist. Wie diese Kurvenschar aus den Beobachtungswerten abzuleiten ist, wird in Abschnitt XI gezeigt werden; aus ihr läßt sich für die treibende bzw. getriebene Scheibe μ in Abhängigkeit von S' kg oder k' kg/cm auftragen, indem man zu jedem Wert von S' den zugehörigen Wert w aus Abb. 26 entnimmt und damit aus Abb. 27 auf der passenden Kurve für k' den Wert von μ aus-

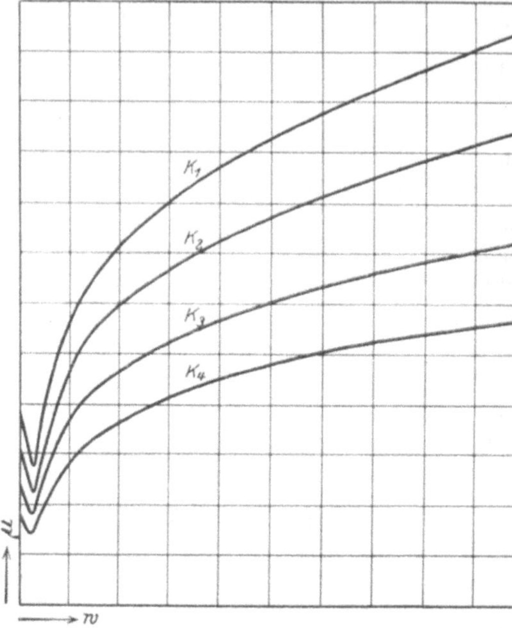

Abb. 27.
Reibungsziffern für verschiedene Spannungen in Abhängigkeit von der Gleitgeschwindigkeit.

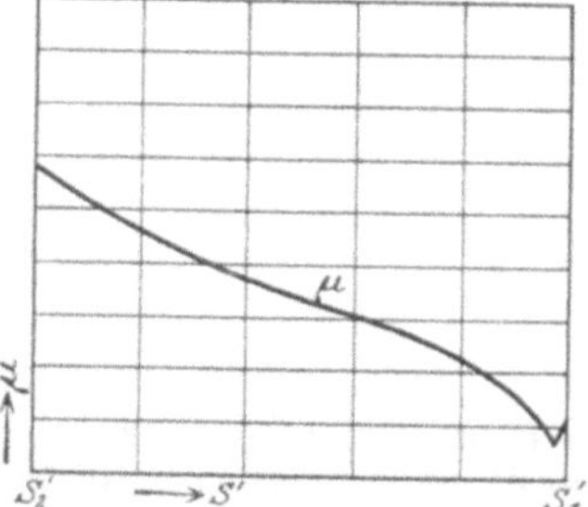

Abb. 28. Verlauf der Reibungswerte.

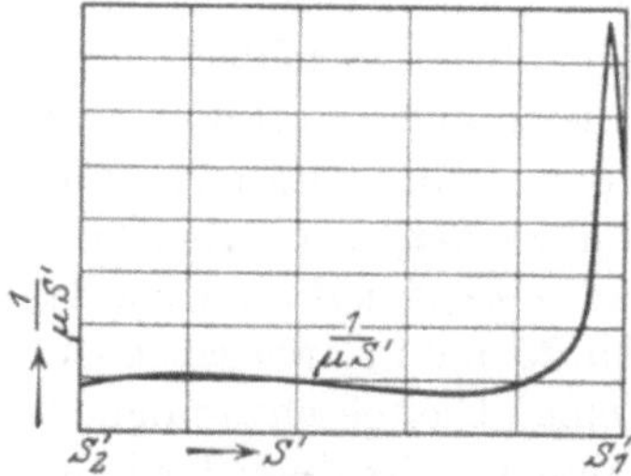

Abb. 29. Verlauf der reziproken Werte.

wählt. So wird die Abb. 28 erhalten. Aus ihr werden die reziproken Werte

$$\frac{1}{\mu S'}$$

gebildet und in Abb. 29 bei dem zugehörigen Wert S' aufgetragen. Die streifenweise Planimetrierung der erhaltenen Flächen liefert den erforderlichen Umspannungswinkel gemäß Gleichung (27).

Eine Schwierigkeit könnte entstehen, wenn μ für irgendeine Geschwindigkeit oder einen Flächendruck Null würde, da damit die reziproken Werte unendlich werden würden. Nach den vorliegenden Versuchsergebnissen tritt dieser Fall auch für w gleich 0 nicht ein. Das Verfahren wird zunächst mit der Annahme ausgeführt, daß $w_g = 0$ sei. Ergibt sich, daß der vorhandene Umspannungswinkel größer ist als erforderlich, so kann die Vorspannung vermindert werden; tritt ein Fehlwinkel auf, so sind die Abb. 28 und 29 mit Annahme einer Gleitgeschwindigkeit neu zu zeichnen. Wird S_n nicht mit einer erträglichen Gleitgeschwindigkeit erreicht, so muß die Vorspannung vergrößert werden. Damit ist die Ermittlung durchgeführt; es ist aber noch zu zeigen, wie die Reibungskurven aus den Versuchswerten ermittelt werden.

XI. Ermittlung der Reibungsziffer als Funktion der freien Trummkraft aus Versuchswerten.

Aufschluß über den Verlauf der Reibungswerte in den einzelnen Punkten eines umspannten Bogens können in erster Linie solche Versuche ergeben, bei denen ein bestimmter Wert S_1' durch Belastung eingestellt und für bekannte Gleitgeschwindigkeit w und den gegebenen Umspannungsbogen der zugehörige Wert S_2' gemessen wird. Dabei muß der Riemen über die Scheibe wandern, nicht die Scheibe unter dem Riemen. Denn in letzterem Falle liegen, wie bei einer Bandbremse stets die gleichen Fasern des Riemens auf der Scheibe entgegen den wirklichen Betriebsverhältnissen. Von einer Flächenreibung soll wieder abgesehen werden.

Aber auch aus solchen Versuchen läßt sich zunächst nur ein mittlerer Wert μ' berechnen, der richtig wäre, wenn die Reibungsziffer über den umspannten Bogen hin keine Veränderung erführe, d. h. von S' unabhängig wäre. Dann wäre für einen beliebigen Umfangspunkt

$$S' = S_2' e^{\mu' \varphi}, \tag{33}$$

d. h. für den Umspannungsbogen α

$$S_1' = S_2' e^{\mu' \alpha}. \tag{34}$$

Nun bestimmt man zunächst einen Mittelwert S_m' so, daß er mit dem Umspannungsbogen α multipliziert einen Wert ergibt, der gleich der Summe der örtlichen Werte ist, also

$$S_m' \cdot \alpha = \int S'\, d\varphi,$$

d. h. mit Einsatz aus (33)

$$S_m' \alpha = S_2' \int e^{\mu' \varphi}\, d\varphi.$$

Die Integration dieser Gleichung ergibt

$$S'_m\, \alpha = \frac{S'_2(e^{\mu'\alpha} - 1)}{\mu'}.$$

Nun ist aber nach Gleichung (34)

$$S'_2(e^{\mu'\alpha} - 1) = S'_1 - S'_2,$$

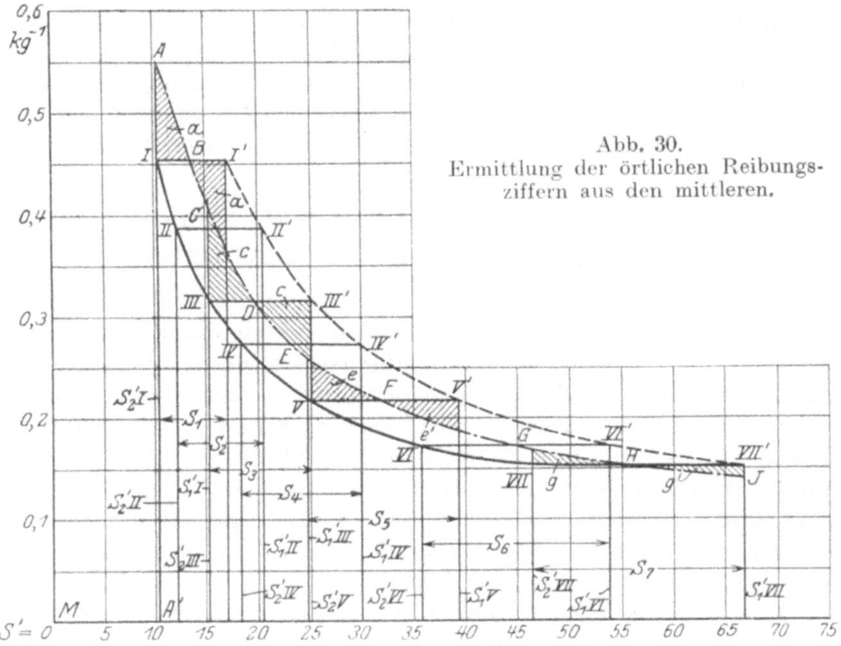

Abb. 30.
Ermittlung der örtlichen Reibungsziffern aus den mittleren.

also ist

$$\alpha = \frac{S'_1 - S'_2}{\mu'\, S'_m} = (S'_1 - S'_2) \cdot \frac{1}{\mu'\, S'_m}. \qquad (35)$$

Wählt man also als Abszissenachse die S', so kann man für jedes zusammengehörige Wertpaar $S'_1 - S'_2$ ein Rechteck auftragen, dessen Grundlinie S durch diese Werte begrenzt ist und dessen Inhalt α sein muß, dessen Höhe also als der reziproke Wert

$$\frac{1}{\mu'\, S'_m}$$

aus Gleichung (35) berechnet werden kann. Für eine Anzahl von Wertpaaren $S'_1 - S'_2$ entstehen also Rechtecke von gleichem Inhalt, die sich zum großen Teil überdecken und deren obere Begrenzungslinien in Abb. 30 durch die Geraden $I\,I'$, $II\,II'$ usw. $VII\,VII'$ gegeben sind.

Zur Ermittlung der wahren Werte von μ, die mit S' und daher auch mit φ veränderlich sind, ist nun von Gleichung (27) auszugehen, die mit Unterdrückung von S'_v für den Umspannungsbogen α lautet

$$\alpha = \int \frac{dS'}{\mu\, S'} \tag{36}$$

und zwischen den Grenzen S'_1 und S'_2 zu nehmen ist. Gleichung (36) stellt also eine Fläche dar, die für jedes Wertpaar $S'_1 - S'_2$ mit dem in Abb. 30 gezeichneten Rechtecken den Inhalt und die Grundlinie gemeinsam hat, während die obere Begrenzung an Stelle der wagerechten Geraden $I\,I'$ usw. eine Kurve bildet, die den veränderlichen Verlauf der wahren reziproken Werte

$$\frac{1}{\mu\, S'}$$

ergibt. Man legt nun durch die Eckpunkte $I\,II$ usw. $VI\,VII$ und $I'\,II'$ usw. $VI'\,VII'$ zwei Kurven und zieht zwischen ihnen probeweise eine Kurve ein, die den Verlauf

$$\frac{1}{\mu\, S'}$$

haben soll.

Für jedes beobachtete Wertpaar S'_1 und S'_2 muß diese Kurve oberhalb und unterhalb der Wagerechten gleiche Flächenstücke (in der Abb. 30 schraffiert) abschneiden, damit

$$\int \frac{dS'}{\mu\, S'} = \alpha = \frac{S'_1 - S'_2}{\mu'\, S'_m}$$

wird. Die Kurve muß so lange verändert werden, bis die Flächengleichheit für alle Beobachtungswerte erreicht ist. Für das Gebiet, in dem sich mehrere Rechtecke überdecken, liefert das Verfahren genaue Werte; die Endäste der Kurven stellen Extrapolationen dar. Aus den durch die Kurven gegebenen reziproken Werte $\dfrac{1}{\mu\, S'}$ werden erst die Werte $\mu\, S'$ und daraus die gesuchten Werte μ gebildet. Auf diese Weise sind aus den Versuchen von Mohr die in Abb. 31 dargestellten gestrichelten Kurven erhalten.

Will man nun dazu übergehen, Zahlenbeispiele von Riementrieben nach dem in Abschnitt VIII aus Gleichung (27) herausgelesenen Verfahren zu behandeln, so braucht man dazu Kurvenscharen der in Abb. 27 grundsätzlich dargestellten Art. Zur sicheren Aufstellung solcher Kurven reicht das heute vorhandene Material über Riemenreibungsziffern keineswegs aus. Wenn ich trotzdem im folgenden den Versuch gemacht habe, unter Beachtung aller mir zugänglichen Unterlagen Kurven der

Reibungsziffern aufzustellen, so verfolgte ich dabei in erster Linie den Zweck, Unterlagen für Vergleichsrechnungen zu erhalten. Den

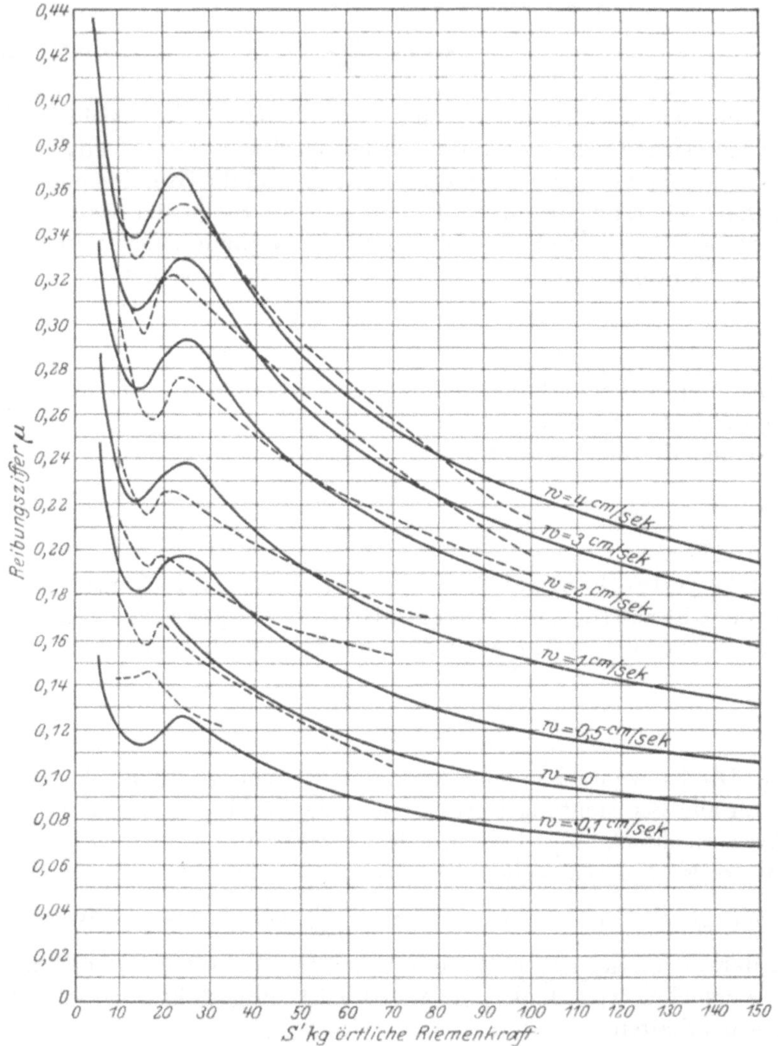

Abb. 31. Reibungsziffern in Abhängigkeit von der Riemenkraft für verschiedene Geschwindigkeiten für einen Riemen von 9 cm Breite, berechnet an Hand der Formel $\mu = \dfrac{0{,}359\, w^{0,292}}{k'^{0,363}}$ (ausgezogen), verglichen mit den aus den Versuchen von Mohr an einem gleichen Riemen abgeleiteten Werten (gestrichelt).

absoluten Wert der erhaltenen Reibungsziffern schätze ich sehr vorsichtig ein. Den grundsätzlichen Verlauf fasse ich als durch folgende Bedingungen gegeben auf: es sind zwei Ursachen der Einwirkung von Riemen und Scheibe aufeinander zu unterscheiden, nämlich die **Haftreibung** als Folge gleicher Absolutgeschwindigkeit von Riemen und Scheibe und die **Gleitreibung** als Folge einer zwischen beiden bestehenden Relativbewegung. Bei Eintritt einer solchen Bewegung müßte die Haftreibung sofort verschwinden, die Gleitreibung vom Werte Null beginnend ansteigen. An Stelle eines sprunghaften Überganges aus dem einen in den anderen Zustand fällt die Haftreibung bei Eintritt der Bewegung sehr rasch ab, doch so, daß sie in den Anfang der Gleitreibung hineinreicht und demnach die Reibung im Gebiet sehr kleiner Geschwindigkeiten einen Mindestwert erreicht. Für technische Verhältnisse, d. h. im

physikalischen Sinne für mäßig rauhe Flächen bei Anwesenheit benetzender Stoffe — mindestens Luft —, hat das mit künstlich polierten und gereinigten Oberflächen im luftleeren Raume beobachtete Gesetz, daß die Reibung bei der Geschwindigkeit 0 den Wert 0 besitzt, daher

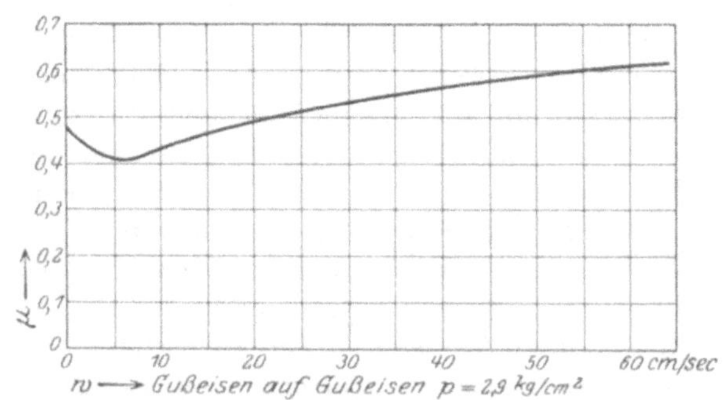

Abb. 32. Reibungsziffern trockner Reibung nach Nickel.

keine praktische Bedeutung. Diese Feststellung, die sich für Leder auf Gußeisen aus den Versuchen von **Mohr** ergibt, bei denen die Reibungsziffer im Gebiet zwischen 0,0 und 0,1 cm/sec. ein Minimum aufweist, wird auch für andere Stoffe durch die Versuche meines ehemaligen Assistenten Dr. Nickel[1]) mit gußeisernen Bremsklötzen auf gußeisernen Scheiben grundsätzlich bestätigt. Bei diesen Versuchen, bei deren Durchführung die aus den Mohrschen Versuchen gewonnenen Erfahrungen verwertet werden konnten, gelang es, das Minimum des Reibungswertes für einen erheblichen Bereich der Flächendrücke mit Sicherheit festzustellen, und zwar sowohl für schwach geschmierte als auch für ungeschmierte Flächen, bei denen das Minimum weniger tief hinabreicht, sich dafür aber flacher erstreckt. Abb. 32 zeigt den grundsätzlichen Verlauf solcher Reibungsziffern nach den Versuchen von **Nickel**. Daß ein solches Minimum auch bei der Reibung der Gleitlager eintritt, ist schon aus den Versuchen von **Striebeck**[2]) bekannt. Die Reibung im Gebiet sehr kleiner Geschwindigkeiten, die unter tech-

---

[1]) Beitrag zur Kenntnis der Reibungsziffern für Reibungskupplungen mit gußeisernen zylindrischen Gleitflächen. Danzig 1924.

[2]) Forschungsarbeiten Heft 7.

nisch belangreichen Versuchsbedingungen meines Wissens bisher nur in den beiden obengenannten Arbeiten behandelt ist, bedarf noch gründlicher weiterer Erforschung. Die Annahme aber, daß die Reibung bei technischen Vorgängen, d. h. also ohne künstliche Ausschaltung der wirklichen Einflüsse, jemals den Wert 0 annehmen könnte, muß m. E. als unhaltbar fallen gelassen werden.

Die erwähnten Versuche zeigen ferner in Einklang mit allen bisher vorliegenden anderen Versuchen, die mit Oberflächen von technischer Glätte ausgeführt sind, daß die Reibungsziffer mit dem Anpressungsdruck fällt; gewöhnlich wird diese Abhängigkeit sowohl für Bremsflächen wie für Lederriemen auf Scheiben auf den spezifischen Flächendruck p kg/qcm bezogen. Die Mohrschen Versuche konnten, obwohl sie ursprünglich angestellt wurden, um diese Annahme auch für Lederriemen zu beweisen, sie trotzdem nicht stützen. Es wurden sowohl Versuche mit Riemen verschiedener Breite auf derselben Scheibe, als auch mit einem und demselben Riemen auf Scheiben verschiedenen Durchmessers angestellt. Beide hätten für den breiteren Riemen bzw. für die größere Scheibe ein Anwachsen des Kraftumsatzes bezogen auf den Zentimeter Riemenbreite, d. h. $k_1' : k_2'$ bei gleichem Ausgangswerte k_1' zeigen müssen. Dagegen zeigte sich bei wachsendem Scheibendurchmesser kein Anwachsen, bei wachsender Riemenbreite sogar eine geringe Abnahme des Kraftumsatzes, also auch der Reibungsziffer. Das gleiche Ergebnis zeitigten auch Versuche mit Stahlbändern verschiedener Breite auf gleicher Scheibe. Demnach kann einstweilen nur eine Abnahme der Reibungsziffer mit der örtlichen freien Trummspannung k' kg/cm als erwiesen gelten. Deshalb werde ich auch nur mit einer solchen rechnen. Es mag noch darauf hingewiesen werden, daß die auf Grund des oben beschriebenen Verfahrens ermittelten Werte von μ, wenn man sie für gleichbleibende Geschwindigkeit in Abhängigkeit von der Kraft S' aufträgt, wie das in Abb. 31 geschehen ist, einen eigentümlichen Verlauf nehmen. Für abnehmendes S' nimmt zunächst μ im Einklang mit Reibungserscheinungen für andere Stoffe zu, erreicht ein Maximum und nimmt dann ab, um bald darauf wieder zu steigen. Es soll hier nicht versucht werden, diesen Verlauf, der verschieden gedeutet werden kann, zu erklären, erstens weil das vorliegende Beobachtungsmaterial einen solchen Versuch nicht rechtfertigt und zweitens weil für den vorliegenden Zweck — Unterlagen für Vergleichsrechnungen zu schaffen -- die Kräfte S', in deren Bereich dieser Verlauf auftritt, praktisch nur geringe Bedeutung besitzen. Wie schon erwähnt, ließ sich auch die viel verbreitete Ansicht, daß die Reibungskraft auch mit der Größe der Berührungsfläche wachse, durch die Versuche von Mohr nicht beweisen; eine von der Fläche abhängige Reibungsziffer müßte notwendigerweise zu einer Steigerung des Kraftumsatzes $k_1' : k_2'$ bei

wachsendem Scheibendurchmesser führen. Dies trat nicht ein. Obwohl
für die Annahme einer Reibungsvermehrung mit Zunahme der Berührungsfläche zwischen Riemen und Scheibe der Vergleich mit der Flüssigkeitsreibung zu sprechen scheint, so müßten doch, wenn ein solches
Gesetz in einem für das Endergebnis entscheidenden Ausmaß gälte, so-

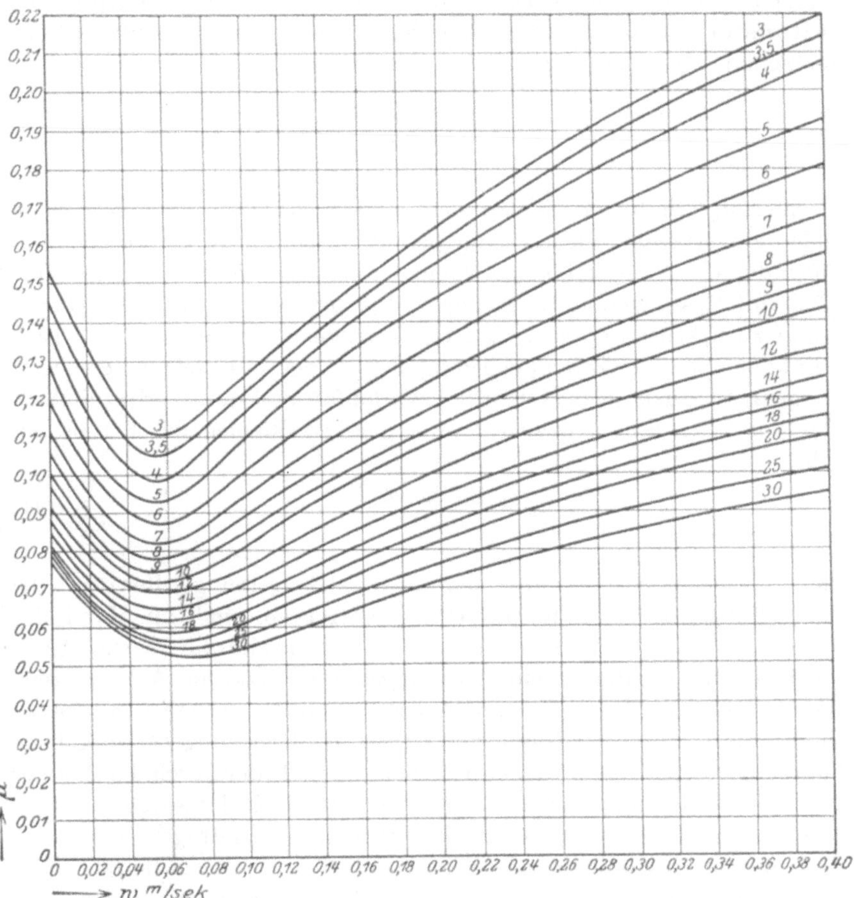

Abb. 33. Reibungsziffern für geringe Geschwindigkeiten bei Spannungen von
3—30 kg/cm.

wohl schmale Stahlbänder wie insbesondere Hanf- und Drahtseile, bei
denen die berührende Fläche stets sehr klein bleibt, in ihrer Reibungswirkung gegenüber Riemen außerordentlich im Nachteil sein. Dies
widerspricht aber nicht nur der allgemeinen Erfahrung, sondern auch
den Versuchen mit Seiltrieben sowohl von Kammerer wie von Bonte.
Deshalb schien es mir geraten, bis zur weiteren Klärung dieser Zusammen-

hänge mit einem Einfluß der berührenden Fläche auf die Größe der Reibungskraft nicht zu rechnen.

Bei der Unsicherheit der Unterlagen konnte es sich bei der Aufstellung von Reibungsszifferkurven nur darum handeln, das praktisch wichtigste Gebrauchsgebiet in einer für die Ausrechnung der Kurven bequemen Form anzunähern. Dafür kommt nur eine Exponentialformel in Betracht. Diese habe ich zunächst an Hand der Mohrschen Versuche aufgestellt in der Form

$$\mu = \frac{0,359 \cdot w^{0,292}}{k'^{0,365}} \, .$$

Die hiermit erhaltenen Zahlenwerte sind in Abb. 31 in ausgezogenen Linien eingetragen. Indessen ergeben sie insbesondere für größere Geschwindigkeiten zweifellos zu kleine Reibungsziffern, wie der Vergleich mit Messungen an ausgeführten Riementrieben zeigt. Dies dürfte darauf zurückzuführen sein, daß die Versuchsriemen neu waren. Deshalb habe ich unter Zugrundelegung des in den Mohrschen Versuchen zutage getretenen grundsätzlichen Verlaufes und unter Hinzunahme aller mir bekannten Messungen an laufenden Riemen die Formel gewählt

$$\mu = \frac{0,46 \cdot w^{0,289}}{k'^{0,365}} \, . \tag{37}$$

Diese Formel nähert nur den Verlauf der Gleitreibungsziffern an; die Haftreibungsziffern sowie die Übergangskurven sind an Hand der Mohrschen Versuche ergänzt; ferner gilt die Formel nur für Werte $k' > 3$. Die Haftreibungsziffern und Übergangskurven sind in Abb. 33 dargestellt. In Abb. 34, die logarithmische Teilung enthält, ist erstens durch eine Gerade der durch den Zähler der Gleichung (37) gegebene Näherungswert für w, zweitens durch eine Gerade der durch den Nenner derselben Gleichung gegebene Näherungswert für k' dargestellt. Ferner sind für den Zähler und Nenner je eine Kurve eingetragen, mit deren Hilfe man für die Reibungsziffern im Gebiet von 0,1 cm/sec bis 60 cm/sec und für freie Trummspannungen von 0,5 kg/cm bis 30 kg/cm Werte erhält, die, wie in Abschnitt XVI gezeigt wird, mit den Messungen an ausgeführten Riementrieben brauchbare Übereinstimmung ergeben.

XII. Anwendungsbeispiele für Riementriebe ohne Geschwindigkeitsübersetzung.

1. Beispiel: Abb. 35. Riemen 9 cm breit, Gewicht 0,37 kg/m = 4,11 kg/qm, Achsenabstand 250 cm, Scheibendurchmesser 55 cm,

Additional material from *Neue Riementheorie,*

ISBN 978-3-662-38771-1, is available at http://extras.springer.com

Riemengeschwindigkeit 7 m/sec, Riemenverkürzung $a' - l_u = 3,5$ cm, Umriß $a' = a + \pi r = 250 + 86,5 = 336,5$ cm, Riemenfliehkraft

$$S_f = \frac{q\,v^2}{g} = \frac{0,37 \cdot 49}{9,81} = 1,85 \sim 2 \text{ kg},$$

$$\frac{q^2\,a^3}{24 \cdot 1} = \frac{0,0037^2 \cdot 250^3}{24} = 8,92 \text{ cm}.$$

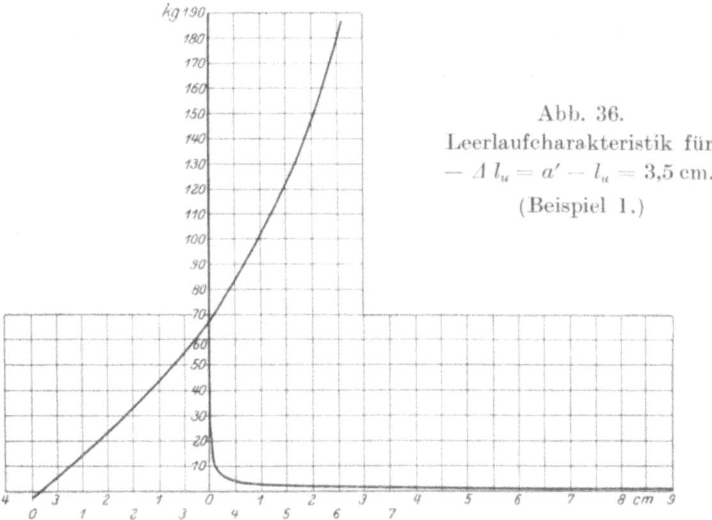

Abb. 35. Beispiel 1.

Tabelle 1.

Tabelle zur Auftragung der Eigengewichtskurve $\dfrac{q^2\,a^3}{24\,S'^2}$ cm.

S' kg	1	1,5	2	3	5	10	20	50	75	100
$\dfrac{q^2\,a^3}{24\,S'^2}$ cm	8,92	3,96	2,23	0,99	0,36	0,089	0,020	0,0036	0,0016	0,0009

Tabelle 2. Tabelle zur Auftragung der Dehnungskurve.

S kg	1	3	5	10	20	50	75	100	150	200
S' kg	-3	0	2	8	18	48	73	98	148	198
$100\,\varepsilon$	0,018	0,060	0,096	0,190	0,355	0,802	1,087	1,210	1,640	1,852
$\varepsilon\,l_u$ cm	0,061	0,20	0,32	0,64	1,19	2,70	3,66	4,41	5,52	6,23

Abb. 36.

Leerlaufcharakteristik für

$-\varDelta l_u = a' - l_u = 3,5$ cm.

(Beispiel 1.)

Die Auftragung dieser Werte ergibt die Leerlaufcharakteristik, Abb. 36, die mit einer Riemenverkürzung $-\varDelta l_u = a' - l_u = 3,5$ cm gezeichnet ist. Ihr entspricht eine freie Trummkraft $S' = 68$ kg im Leerlauf, d. h. $S_0' = 70$ kg im Stillstand. Aus der Leerlaufcharakteristik ist die Ar-

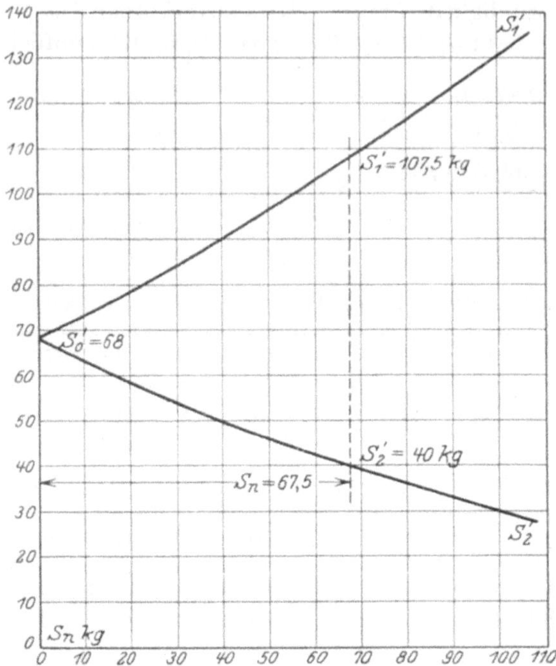

Abb. 37. (Beispiel 1.) Arbeitscharakteristik für 3,5 cm Vorspannung.

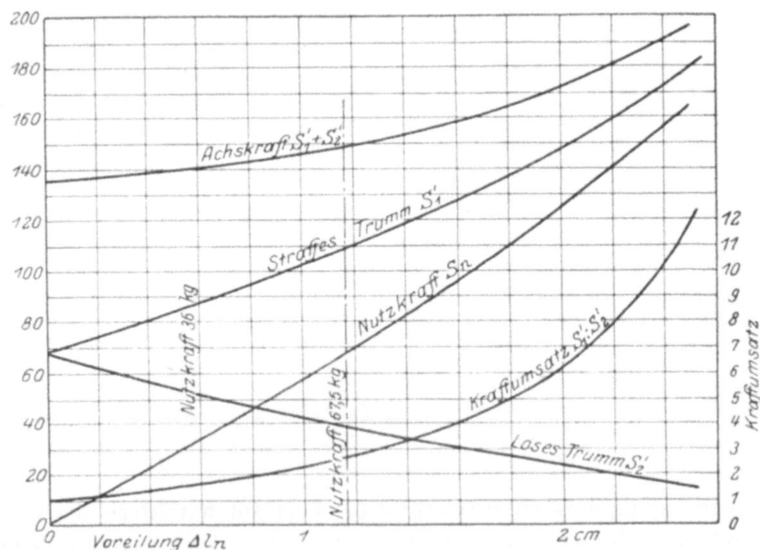

Abb. 38. (Beispiel 1.) Riemenkräfte als Funktion der Voreilung bei 3,5 cm
Vorspannung.

beitscharakteristik (Abb. 37) in der in Abschnitt VII dargestellten Weise entwickelt. Als Nutzlast ist $S_n = 67,5$ kg entsprechend einer Nutzspannung $k_n = 7,5$ kg/cm gewählt. In Abb. 38 sind die Riemenkräfte als Funktion der Voreilung aufgetragen, aus dieser Abbildung sind zu entnehmen:

Tabelle 3.

Voreilweg	Nutz-		Straff.Trumm Freie Trumm-		Loses Trumm Freie Trumm-		Achs-kraft	Kraft-umsatz	Straff.Trumm Volle Trumm-		Loses Trumm Volle Trumm-		Spannungs-wechsel
	kraft	span-nung	kraft	span-nung	kraft	span-nung			kraft	span-nung	kraft	span-nung	
1,17	67,5	7,5	107,5	11,95	40	4,45	147.5	2,69	109,5	12.2	42	4,68	2,61

Zur Auftragung des Winkelflächendiagramms nach Gleichung (27)

$$\varphi = \int \frac{dS'}{\mu S'}$$

werden nun aus dem Dehnungsdiagramm Abb. 4 eine Anzahl von Dehnungswerten für Trummspannungen zwischen k_2' und k_1' entnommen, und zwar zunächst für die treibende Scheibe. Dabei ist zu beachten,

Tabelle 4.

Treibende Scheibe: $a = 250$ cm, $b = 9$ cm, $d = 55$ cm, $v = 7$ m/sec, $-\Delta l_u = 3,5$ cm, $k_0 = 7,8$ kg/cm.

	I	II	III	IV	V	VI	VII	VIII	IX	X	XI
1 a	S'	40	50	60	70	80	90	96	100	106	107,5
1 b	S	42	52	62	72	82	92	98	102	——	109,5
2 a	k'	4,45	5,56	6,67	7,78	8,89	10,00	10,70	11,14	11,76	11,95
2 b	k	4,68	5,78	6,89	8,00	8,88	10,22	10,90	11,32	——	12,16
3	$100\,\varepsilon_1$	1,383	1,383	1,383	1,383	1,383	1,383	1,383	1,383	——	1,383
4	$100\,\varepsilon$	0,692	0,826	0,951	1,059	1,154	1,248	1,296	1,326	——	1,383
5	$100\,\Delta\varepsilon$	0,691	0,557	0,432	0,324	0,229	0,135	0,087	0,057	——	0,000
6	w_d	4,84	3,90	3,02	2.27	1,60	0,95	0,61	0,40	0,070	0,000
7	μ	0,446	0,390	0,332	0,286	0,243	0,193	0,164	0,136	0,069	0,094
8	$\dfrac{1}{\mu\,k'}$	0,505	0,462	0,452	0,451	0,463	0,518	0,570	0,660	1,226	0,887

$$w_g = 1 \text{ cm/sec}$$

	I	II	III	IV	V	VI	VII	VIII	IX	X	XI
9	w	5,84	4,90	4,02	3,27	2,60	1,95	1,61	1,40	—	1,00
10	μ	0,471	0,415	0,360	0,318	0,283	0,249	0,230	0,218		0,183
11	$\dfrac{1}{\mu\,k'}$	0,478	0,433	0,417	0,404	0,398	0,402	0,406	0,411		0,457

$$w_g = 3 \text{ cm/sec}$$

	I	II	III	IV	V	VI	VII	VIII	IX	X	XI
12	w	7,84	6,90	6,02	5,27	4,60	3,95	3,61	3,40		3,00
13	μ	0,508	0,452	0,406	0,363	0,335	0,303	0,288	0,276		0,258
14	$\dfrac{1}{\mu\,k'}$	0,443	0,398	0,370	0,355	0,336	0,331	0,324	0,325	——	0,325

daß, wenn genaue Diagramme erhalten werden sollen, einer der Werte auf das Minimum des Reibungswertes, d. h. zwischen $w_d = 0{,}05$ und $0{,}1$ cm/sec, fallen muß. Es ergeben sich zunächst die Zeilen 1—4 der Tabelle 4. Der Unterschied der Zeilen 3 und 4 gibt den Dehnungswechsel $\Delta \varepsilon$ in Zeile 5; aus ihm ergibt sich durch Multiplikation mit der Riemengeschwindigkeit v die Dehnungsschlupfgeschwindigkeit w_d Zeile 6.

Nun können die zu jedem w_d und dem zugehörigen S' (Zeile 1a) bzw. k' (Zeile 2a) gehörigen Reibungsziffern aus den Kurvenblättern 33 und 34 entnommen (Zeile 7) und daraus die reziproken Werte (Zeile 8) gebildet werden. Es empfiehlt sich, die Werte $\Delta \varepsilon$, w_d und μ in Abhängigkeit von S' aufzutragen (Abb. 39), um Unstimmigkeiten ausgleichen zu können. Der Wert für S' in Spalte X, Tabelle 4, wird zunächst offen gelassen und dann aus Abb. 39 bei dem Werte $w_d = 0{,}07$ cm/sec entnommen, um das Minimum von μ zu treffen. Nun werden die Werte der Zeile 8 im Winkelflächendiagramm (Abb. 40) aufgetragen. Die

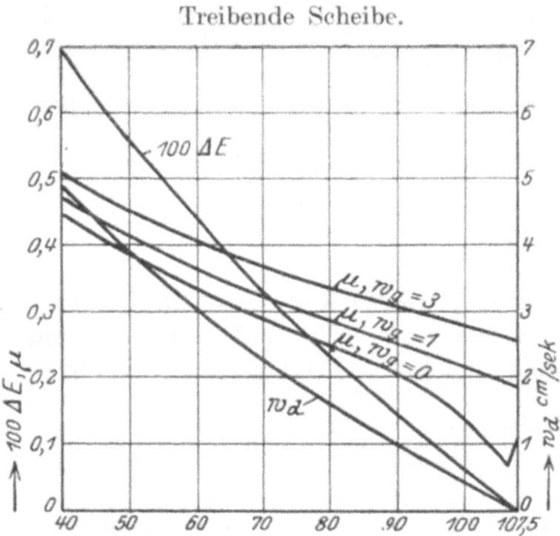

Abb. 39. (Beispiel 1.) Dehnung, Dehnungsschlupf und Reibungsziffern.

Planimetrierung dieser für reinen Dehnungsschlupf ($w_d = 0$) aufgetragenen Fläche ergibt einen Inhalt von 78,6 qcm. Da bei den gewählten Maßstäben[1]) (Abb. 40) 20 qcm Fläche den Bogen 1 bedeuten, so ergibt sich der Umspannungsbogen, der erforderlich ist, um den Kraftumsatz von $k'_2 = 4{,}45$ auf $k'_1 = 11{,}95$ mit Hilfe der Reibung herbeizuführen, zu 3,93, d. h. der Umspannungswinkel müßte $225°$ betragen. Es tritt also Gleitschlupf auf; wie groß dieser ausfällt, kann nur durch erneute Auftragung des Winkelflächendiagramms für verschiedene angenommene Gleitschlupfwerte gefunden werden. Um einen vollen Überblick zu gewinnen, sind in Tabelle 4 Reihe 9—11, die Werte $w_g = 1$ cm/sec, in Reihe 12—14 die Werte für $w_g = 3$ cm/sec aufgetragen. Mit diesen Werten sind im Winkelflächendiagramm zwei weitere Kurven eingezeichnet; für diese weiteren Auftragungen werden in Spalte X, Tabelle 4, keine Werte gebraucht.

Nun sind die Winkelflächen für eine Anzahl von Spannungen in Streifen zerlegt und diese jedesmal von der Anfangsspannung 4,45 be-

---

[1]) Alle nachfolgenden Maßstäbe beziehen sich auf die Originalzeichnungen.

ginnend planimetriert, und zwar für jede einzelne Gleitschlupfgeschwindigkeit; die Ergebnisse sind in Abb. 40 tabellarisch eingetragen. In Abb. 41 sind sie als Schaubild dargestellt; aus diesem können beliebige Zwischenwerte interpoliert werden. Die gleichen Ermittlungen sind nun für die getriebene Scheibe angestellt. In Tabelle 5 sind wiederum die Kräfte, Spannungen, Dehnungen, Schlupfgeschwindigkeiten, Reibungsziffern und reziproken Werte zusammengestellt, und zwar wiederum für

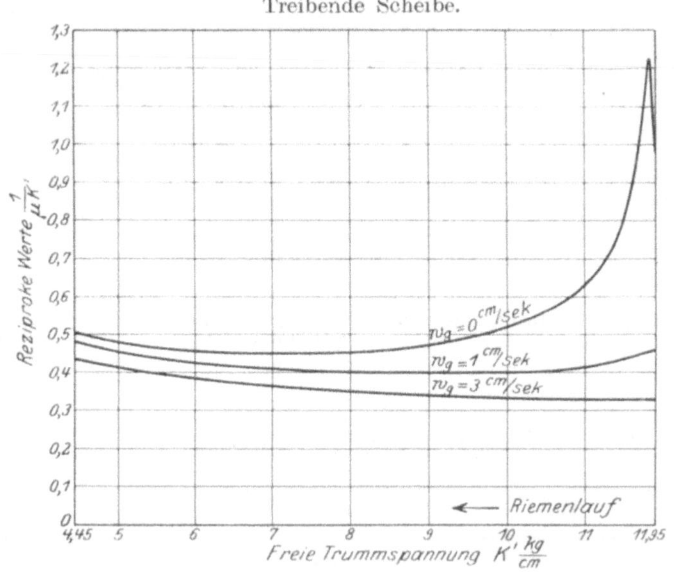

Abb. 40. Winkelflächendiagramm (Beispiel 1).

Maßstäbe: Freie Trummspannung k' kg/cm, 1 = 2 cm,

Reziproke Werte $\frac{1}{\mu k'}$ cm/kg, 1 = 10 cm,

Winkelflächen $q = \int \frac{dk'}{\mu k'}$, 1 = 20 cm².

$\Delta k'$	$w_g = 0$ cm/sec		$w_g = 1$ cm/sec		$w_g = 2$ cm/sec	
	F cm²	q	F cm²	q	F cm²	q
4,45— 5	5,4	0,27	5,1	0,255	4,6	0,23
4,45— 6	14,7	0,735	13,9	0,695	12,4	0,62
4,45— 7	23,6	1,18	22,5	1,125	19,8	0,99
4,45— 8	32,6	1,63	30,3	1,515	26,9	1,345
4,45— 9	41,8	2,09	38,2	1,91	33,7	1,685
4,45—10	50,6	2,53	46,3	2,315	40,3	2,015
4,45—11	62,8	3,14	54,3	2,715	47,0	2,35
4,45—11,95	78,6	3,93	62,6	3,13	53,3	2,675

reinen Dehnungsschlupf und für Gleitschlupf von 1 cm/sec und 3 cm/sec. Dehnungswechsel, Dehnungsschlupfgeschwindigkeit und Reibungs-

Treibende Scheibe.

Getriebene Scheibe.

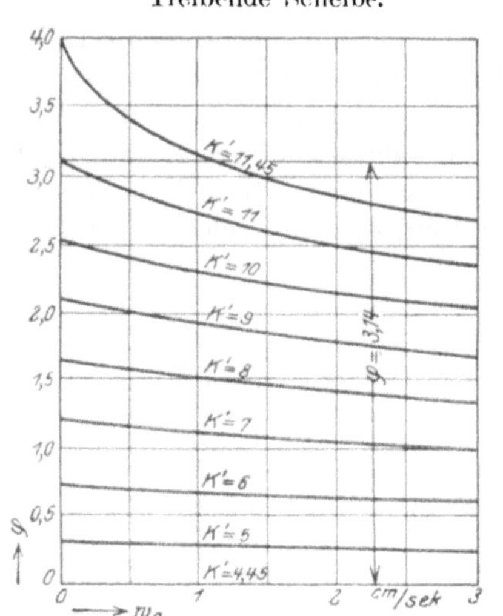

Abb. 41. (Beispiel 1.) Interpolations-kurven.

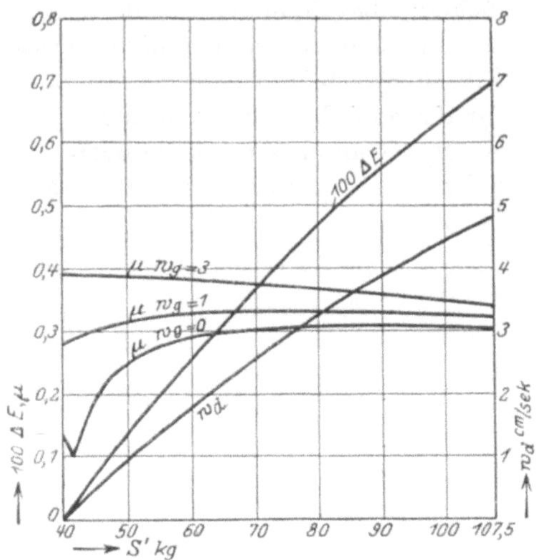

Abb. 42. (Beispiel 1.) Dehnung, Dehnungsschlupf und Reibungsziffern.

Tabelle 5.

Getriebene Scheibe: $a = 250$ cm, $b = 9$ cm, $d = 55$ cm, $v = 7$ m/sec, $-\Delta l_u = 3,5$ cm, $k_0 = 7,8$ kg/cm.

		1	II	III	IV	V	VI	VII	VIII	IX	X	XI
1 a	S' kg	40	- -		46	50	60	70	80	90	100	107,5
1 b	S kg	42	—		48	52	62	72	82	92	102	109,5
2 a	k' kg/cm	4,45	4,61		5,11	5,56	6,67	7,78	8,89	10,0	11,12	11,95
2 b	k kg/cm	4,67	-		5,32	5,78	6,89	8,00	9,12	10,22	11,34	12,17
3	$100\,\varepsilon$	0,692	—		0,775	0,826	0,951	1,059	1,154	1,248	1,326	1,383
4	$100\,\varepsilon_2$	0,692	—		0,692	0,692	0,692	0,692	0,692	0,692	0,692	0,692
5	$100\,\Delta\varepsilon$	0,000	—		0,083	0,134	0,259	0,367	0,462	0,556	0,634	0,691
6	w_d cm/sec	0,000	1,07		0,580	0,942	1,81	2,57	3,23	3,89	4,44	4,84
7	μ	0,133	0,093		0,220	0,250	0,287	0,289	0,299	0,300	0,300	0,298
8	$\dfrac{1}{\mu\,k'}$	1,692	2.270		0,892	0,718	0,518	0,432	0,378	0,364	0,299	0.280
				$w_g = 1$ cm/sec								
9	w	1,00	—		1,58	1,94	2,81	3,57	4,23	4,89	5,44	5,84
10	μ	0,278	—		0,308	0,316	0,326	0,325	0,322	0,321	0,318	0,313
11	$\dfrac{1}{\mu\,k'}$	0,807	-		0,633	0,570	0,458	0,390	0,349	0,312	0,282	0,269
				$w_g = 3$ cm/sec								
12	w	3,00	—		3,58	3,94	4,81	5,57	6,23	6,89	7,44	7,84
13	μ	0,388	—		0,390	0,386	0,380	0,370	0,350	0,350	0,342	0,335
14	$\dfrac{1}{\mu\,k'}$	0,580	—		0,502	0,467	0,395	0,357	0,319	0,286	0,264	0,249

ziffern sind in Abb. 42 als Schaubild dargestellt, in Abb. 43 sind dann wieder die Winkelflächen aufgetragen, in Abb. 44 die Interpolations-

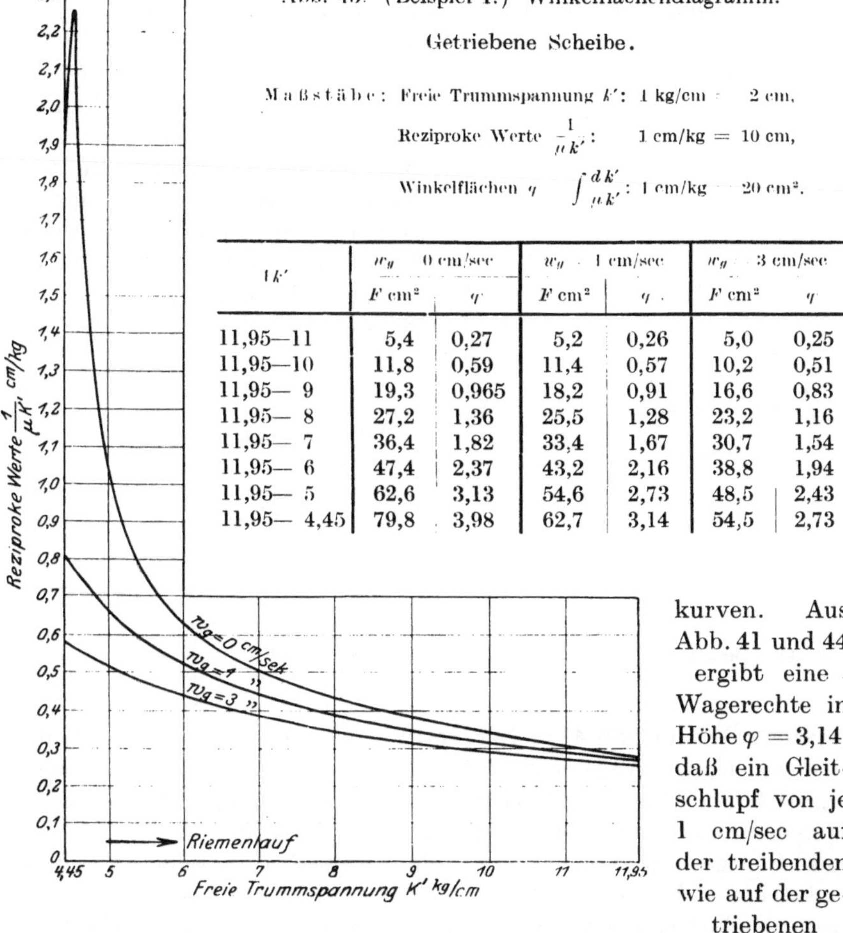

Abb. 43. (Beispiel 1.) Winkelflächendiagramm.

Getriebene Scheibe.

Maßstäbe: Freie Trummspannung k': 1 kg/cm = 2 cm,

Reziproke Werte $\dfrac{1}{\mu k'}$: 1 cm/kg = 10 cm,

Winkelflächen q $\displaystyle\int \dfrac{d k'}{\mu k'}$: 1 cm/kg = 20 cm².

k'	$w_g = 0$ cm/sec		$w_g = 1$ cm/sec		$w_g = 3$ cm/sec	
	F cm²	q	F cm²	q	F cm²	q
11,95—11	5,4	0,27	5,2	0,26	5,0	0,25
11,95—10	11,8	0,59	11,4	0,57	10,2	0,51
11,95— 9	19,3	0,965	18,2	0,91	16,6	0,83
11,95— 8	27,2	1,36	25,5	1,28	23,2	1,16
11,95— 7	36,4	1,82	33,4	1,67	30,7	1,54
11,95— 6	47,4	2,37	43,2	2,16	38,8	1,94
11,95— 5	62,6	3,13	54,6	2,73	48,5	2,43
11,95— 4,45	79,8	3,98	62,7	3,14	54,5	2,73

kurven. Aus Abb. 41 und 44 ergibt eine Wagerechte in Höhe $\varphi = 3,14$, daß ein Gleitschlupf von je 1 cm/sec auf der treibenden wie auf der getriebenen Scheibe genügt, um bei dem Umspannungswinkel von 180° die Nutzkraft durch Reibung zu übertragen.

Wie Abb. 45 zeigt, unterscheiden sich in dieser Hinsicht die treibende und die getriebene Scheibe für reinen Dehnungsschlupf und für größeren Gleitschlupf nur unwesentlich voneinander; dagegen ist bemerkenswert, wie stark der erforderliche Umspannungswinkel für beide Scheiben anwächst, wenn gar kein Gleitschlupf auftreten soll. Das ist eine Folge des starken Maximums, das in den reziproken Werten in der Nähe der Schlupfgeschwindigkeit 0 auftritt und auf beiden Scheiben an der Auflaufstelle in den Winkelflächendiagrammen zutage tritt. Man wird daraus den Schluß ziehen, daß eine geringe Schlupfgeschwindigkeit den Kraftumsatz wesentlich steigert, ohne die Lebensdauer des Riemens zu verkürzen.

Nun ist noch zu untersuchen, wie weit die der Aufstellung der Arbeitscharakteristik zugrunde liegende Vereinfachung (Abschnitt VI, Abb. 10 und 11), nach der die Verkürzung des straffen Trumms und die Verlängerung des losen Trumms gleich groß angenommen wurden, das Ergebnis beeinflußt. Zu dem Zweck müssen die Spannungen in Abhängigkeit von den zugehörigen Bögen als Ordinaten aufgetragen werden, Abb. 46. Die zusammengehörigen Werte von Spannung und

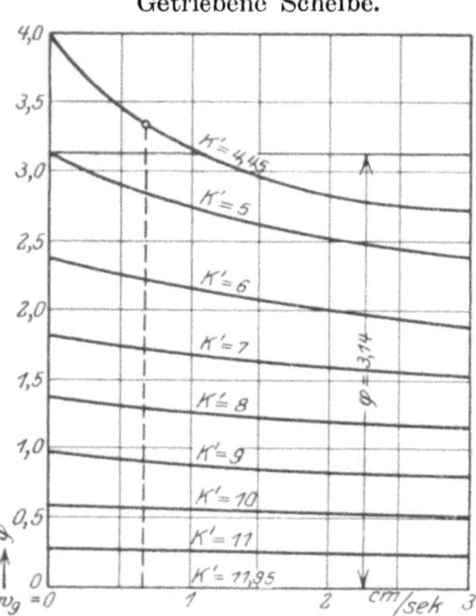

Abb. 44. (Beispiel 1.) Interpolationskurven.

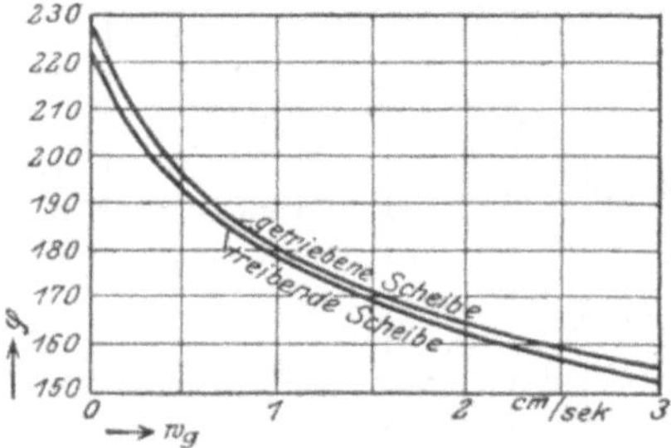

Fig. 45. (Beispiel 1.) Umspannungsbogen in Abhängigkeit von der Gleitgeschwindigkeit.

Bogen werden aus Abb. 41 und 44 für die treibende und getriebene Scheibe entnommen. Die Wagerechte in Höhe des vorhandenen Umspannungsbogens (3,14) schneidet die Endkurven der Spannungen (11,95 für die treibende Scheibe und 4,45 für die getriebene Scheibe) bei der zugehörigen Gleitgeschwindigkeit (für beide Scheiben $w_g \sim 1$ cm/sec). Eine Senkrechte in diesem Schnittpunkt schneidet nun die darunterliegenden Spannungskurven in Punkten, deren Höhe angibt, auf welchem Umspannungsbogen die der Kurve entsprechende Spannung beim Gleitschlupf 1 cm/sec erreicht wird. Also z. B. Abb. 41 die Spannung 11 kg/cm beim Bogen 2,70 auf der treibenden Scheibe, oder Abb. 44 die Spannung 5 kg/cm beim Bogen 2,74 auf der getriebenen Scheibe. Diese Spannungen sind als Ordinaten (Kurven $k'_I k'_{II}$) bei den zugehörigen Bögen als Abszissen in Abb. 46 aufgetragen. An Hand dieser Werte der freien Spannungen können die zu den entsprechenden vollen Spannungen gehörigen Dehnungsziffern aus Abb. 4 entnommen und bei den gleichen Abszissen aufgetragen werden (Kurven ε_I und ε_{II}, Abb. 46). Es ergibt sich, wie in Abschnitt VI vorausgenommen war, daß die Dehnung statt geradlinig auf der treibenden Scheibe oberhalb der Geraden gewölbt, auf der getriebenen Scheibe unterhalb der Geraden hohl verläuft. Das bedeutet [nach Abschnitt VI, Gleichung (20)], daß die auf der treibenden Scheibe aufliegende Riemenbahn stärkere Dehnungszunahme aufweist, als geradlinigem Verlauf entsprechen würde, mithin von der treibenden Scheibe eine größere Riemenlänge ins lose Trumm abgegeben

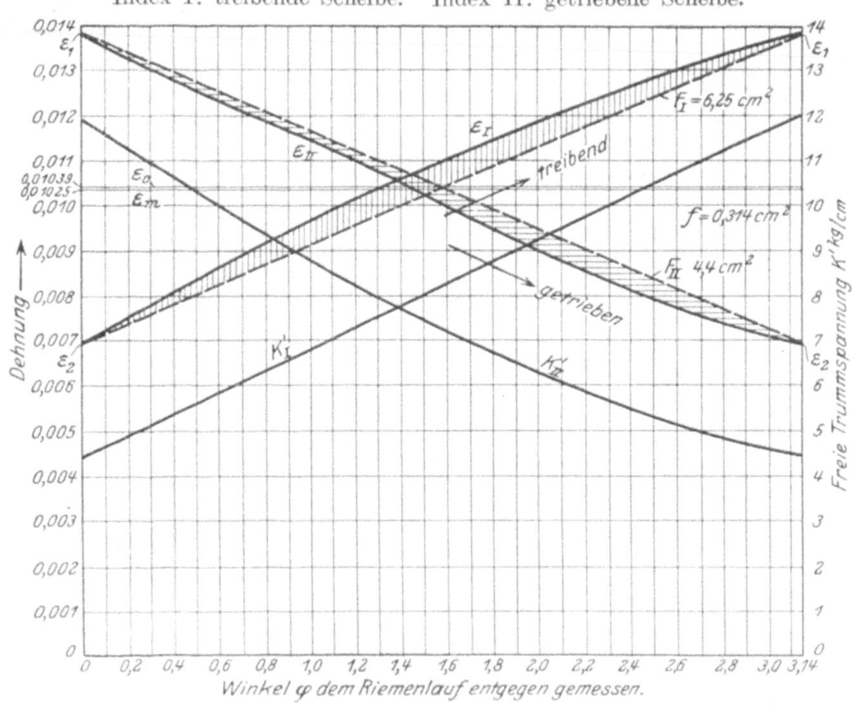

Abb. 46. (Beispiel 1.) Dehnungsverlauf auf den umspannten Bögen.

$$\text{Maßstäbe: Dehnung } \varepsilon \qquad 0,01 = 10 \text{ cm,}$$
$$\text{Winkel } \varphi \qquad 1 = 5 \text{ cm,}$$
$$\text{Fläche } \int \varepsilon\, d\varphi \qquad 0,01 = 50 \text{ cm}^2.$$
$$r \cdot (F_I - F_{II}) = 0,01 \text{ cm,} \qquad \frac{\int l\,\varphi}{\int l\,n} = 0,009.$$

ist. Andererseits ist nach Gleichung (21) auf der getriebenen Scheibe die Dehnungsabnahme größer, als geradlinigem Verlauf entspricht, so daß von der getriebenen Scheibe eine geringere Riemenlänge in das lose Trumm abgegeben ist. Nach Gleichung (22) verbleibt als Fehler der geradlinigen Annahme das Produkt aus dem Radius und dem Unterschied der Flächen, die zwischen den Geraden und den Dehnungskurven liegen und die in Abb. 46 für die treibende Scheibe senkrecht, für die getriebene Scheibe wagerecht schraffiert sind. Die Planimetrierung der Flächen ergibt

$$F_I = 6{,}25\ \text{cm}^2, \qquad F_{II} = 4{,}4\ \text{cm}^2.$$

Der Unterschied hat also, da nach dem Maßstab der Abb. 46 50 cm² ~ 0,01 Dehnung bedeuten, den Wert

$$\frac{1{,}85 \cdot 0{,}01}{50} = 0{,}000370 .$$

Dies ist der Ausdruck $\pi[(\varepsilon_{mI} - \varepsilon_m) - (\varepsilon_m - \varepsilon_{mII})]$ aus Gleichung (22).

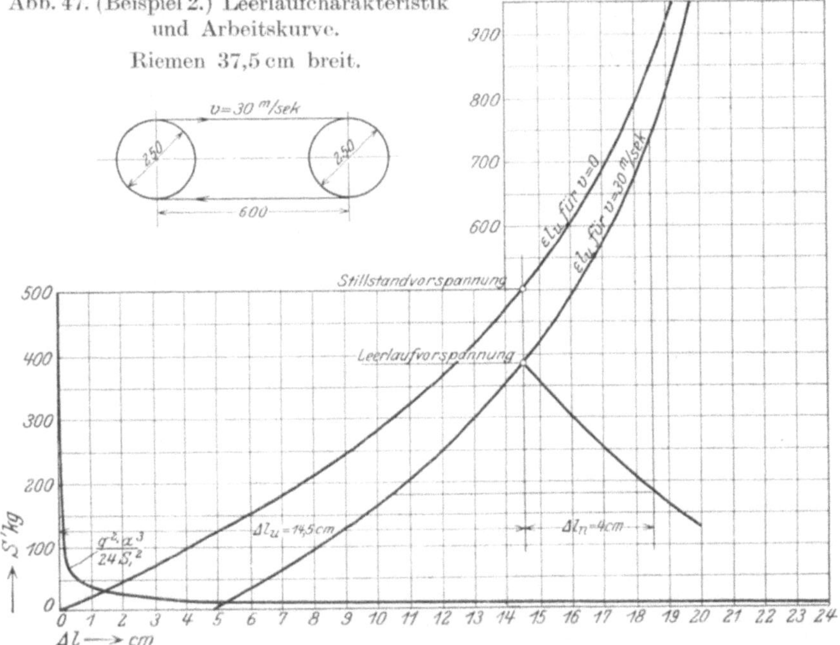

Also ist bei einem Scheibenradius $r = 27{,}5\ \Delta l_q = 0{,}0102$ cm. Die Voreilung betrug $\Delta l_n = 1{,}17$ cm, mithin beträgt der Fehler in Teilen dieser Größe [Gleichung (23)]

$$\frac{\Delta l_q}{\Delta l_n} = 0{,}009 .$$

Das heißt statt der in erster Annäherung vorgenommenen gleich großen Verschiebung der Durchhangslinie im straffen und losen Trumm müßte in zweiter Annäherung die Durchhangslinie im losen Trumm für die Nutzspannung 7,5 kg/cm um ∽ 0,1 mm weiter nach links verschoben werden. Eine solche Verbesserung liegt aber weit unter der Genauig·keitsgrenze der sonstigen zur Ausmittelung verwendeten Zahlen.

2. Beispiel: Riemen 37,5 cm breit, Gewicht 1,25 kg/m = 3,33 kg/qm Achsenabstand 600 cm, Scheibendurchmesser 250 cm, Riemengeschwindigkeit 30 m/sec. Nutzlast 550 kg; Nutzspannung 14,7 kg/cm.

Die Riemenfliehkraft beträgt hiernach

$$\frac{q \cdot v^2}{g} = \frac{1,25 \cdot 900}{9,81} = 114,6 \text{ kg} \sim 115 \text{ kg}.$$

Treibende Scheibe: $a = 600$, $b = 37,5$, $d = 25$, $v = 30$ m/sec.

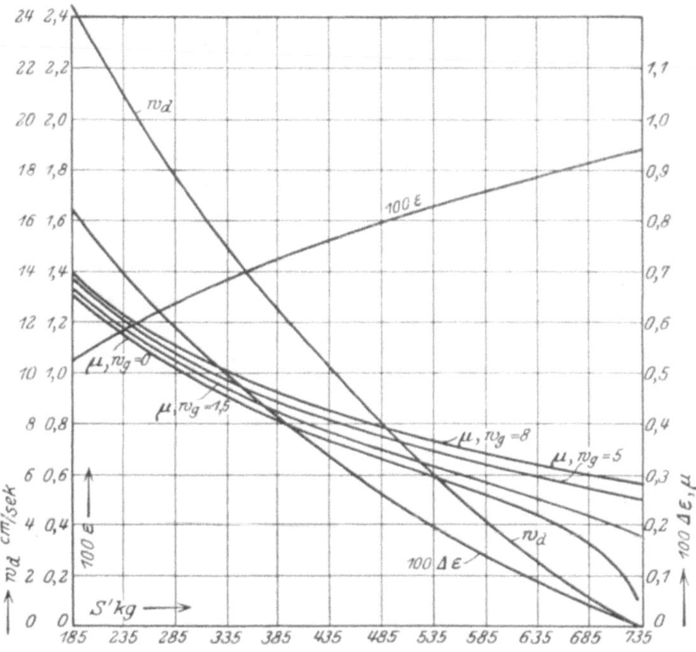

Abb. 48. (Beispiel 2.) Dehnung, Gleitgeschwindigkeit und Reibungsziffern in Abhängigkeit von den freien Trummkräften.

Der Grundwert der Eigengewichtskurve beträgt $\dfrac{q^2 \cdot a^3}{24 \cdot 1} = 1407$ cm.

Abb. 47 enthält die in bekannter Weise entwickelte Leerlaufcharakteristik. Der Umriß jedes Trumms hat eine Länge von

$$a' = a + \pi \cdot r = 600 + 393 = 993 \text{ cm}.$$

Die Vorspannung wird auf $- \varDelta l_u = 14,5$ cm angenommen, so daß die Urlänge eines Riementrumms

$$l_u = a' - \varDelta l_u = 993 - 14,5 = 978,5 \text{ cm}$$

beträgt. Dies ergibt eine Stillstandsvorspannung von 13,3 kg/cm und eine Leerlaufvorspannung von 10,4 kg/cm. Die Nutzlast wird bei einer

Getriebene Scheibe:

$a = 600,\ b = 37,5,\ d = 250,\ v = 20\ \text{m/sec},\ k_n = 14,65.$

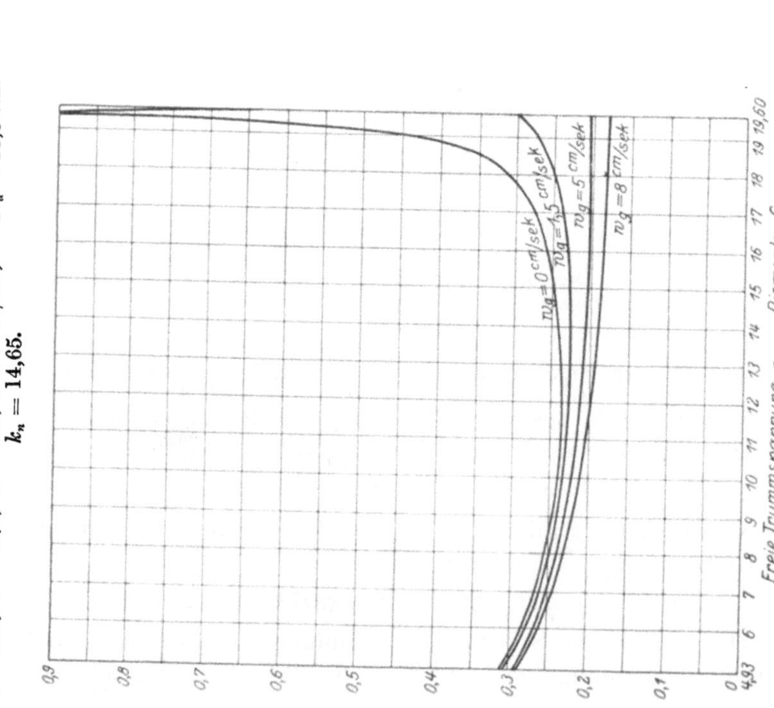

Abb. 50. (Beispiel 2.) Dehnung, Gleitgeschwindigkeit und Reibungsziffern in Abhängigkeit von den freien Trummkräften.

Treibende Scheibe:

$a = 600,\ b = 37,5,\ d = 250,\ v = 30\ \text{m/sec},\ -\varDelta l_u = 14,5\ \text{cm}.$

$k_n = 14,65.$

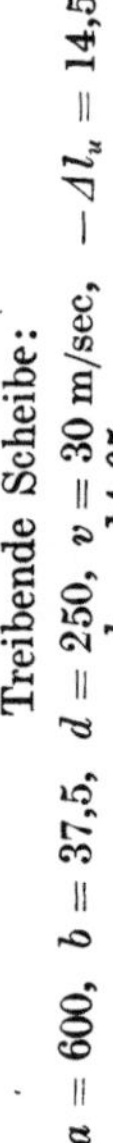

Abb. 49. (Beispiel 2.) Winkelflächendiagramm.

Maßstäbe: Freie Trummspannung k': 1 kg/cm = 1 cm,

Reziproke Werte $\dfrac{1}{\mu k'}$: 1 cm/kg = 20 cm,

Winkelflächen $\eta = \int \dfrac{dk'}{\mu k'}$: 1 = 20 cm².

Voreilung von 4 cm erreicht und ergibt die freien Trummkräfte $S_1' = 735$ kg, $S_2' = 185$ kg. Die vollen Trummkräfte betragen also $S_1 = 830$ kg, $S_2 = 300$ kg.

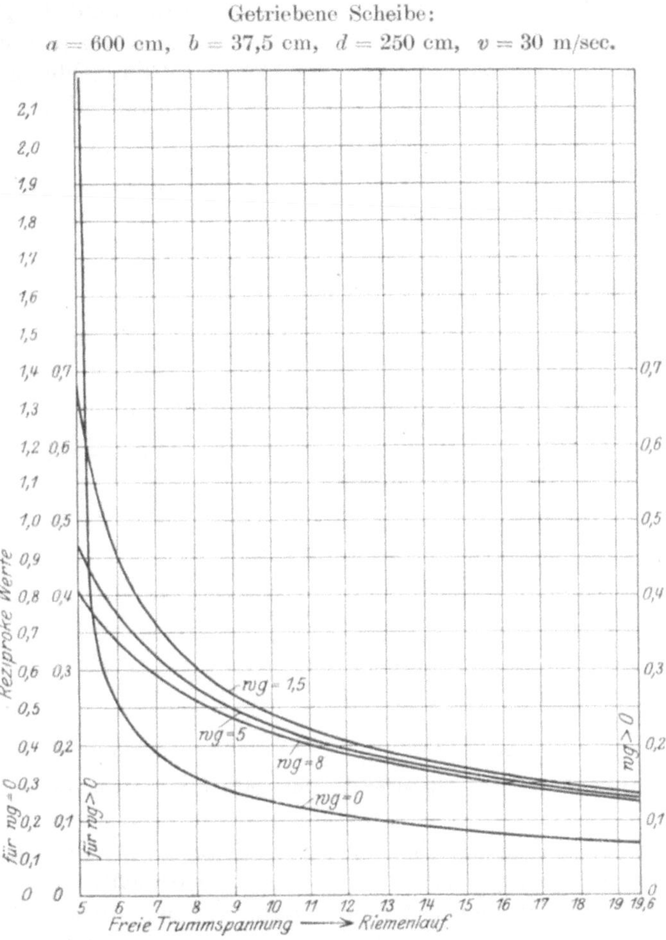

Abb. 51. (Beispiel 2.) Winkelflächendiagramm.

Maßstäbe:

Freie Trummspannung: für $w_g = 0$, k' 1 kg/cm $= 1$ cm; für $w_g > 0$, k' 1 kg/cm $= 1$ cm.

Reziproke Werte $\dfrac{1}{u\,k'}$, für $w_g = 0$, 1 cm/kg $= 10$ cm; für $w_g > 0$, 1 cm/kg $= 20$ cm.

Winkelfläche η $\displaystyle\int_{u\,k'}^{d\,k'}$ für $w_g = 0$, 1 $= 10$ cm²; für $w_g > 0$, 1 $= 20$ cm².

Die weiteren Ermittlungen sind in der von Beispiel 1 bekannten Weise angestellt. Für die treibende Scheibe gibt Abb. 48 die Dehnungsschlupf- und Reibungswerte, Abb. 49 das Winkelflächendiagramm, für die getriebene Scheibe Abb. 50 und 51 die entsprechenden Werte.

Die Planimetrierung der Winkelflächendiagramme ergibt, daß der Dehnungsschlupf zur Erzielung der Nutzkraft erst bei einem Umspannungsbogen von 4,9, d. h. einem Winkel von 229° ausreichen würde. Daher sind die Winkelflächendiagramme ferner für Gleitschlupf von 1,5, 5 und 8 cm/sec entworfen, die ihnen entsprechenden Umspannungsbögen sind in den Interpolationskurven Abb. 52 und 53 in Abhängigkeit von der Gleitgeschwindigkeit aufgetragen. Es zeigt sich, daß bei 6,4 cm/sec

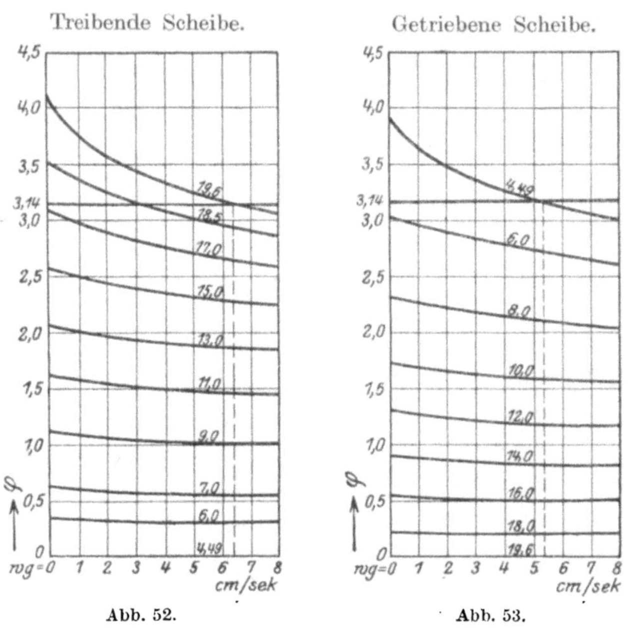

Abb. 52 und 53. (Beispiel 2.) Interpolation des Gleitschlupfes.

Gleitschlupf auf der treibenden und 5,3 cm/sec auf der getriebenen Scheibe ein Umspannungswinkel von 180° ausreicht.

Abb. 54 zeigt den Dehnungsverlauf auf den umspannten Bögen. Der Fehler bei geradliniger Dehnungsannahme beträgt 0,183 cm; die Voreilung betrug (Abb. 47) 4 cm, so daß der Fehler in Teilen der Voreilung beträgt

$$\frac{\varDelta q_s}{\varDelta l_n} = 0{,}045 .$$

Der in vorliegendem Beispiel auftretende Gleitschlupf erscheint unbedenklich, da durch ihn die mittlere Relativgeschwindigkeit nur von rund 12 cm/sec bei reinem Dehnungsschlupf auf rund 15 cm/sec erhöht wird. Der Geschwindigkeitsverlust beträgt infolge Dehnungsschlupfes 24,3 cm/sec, infolge Gleitschlupfes 11,7 cm/sec, insgesamt

36,0 cm/sec, d. h. in Teilen der Umfangsgeschwindigkeit der treibenden Scheibe

$$\frac{u_I - u_{II}}{u_I} = \frac{36,0}{3000} = 0,012 \, ,$$

d. h. es tritt 1,2 vH Energieverlust auf, was zulässig ist.

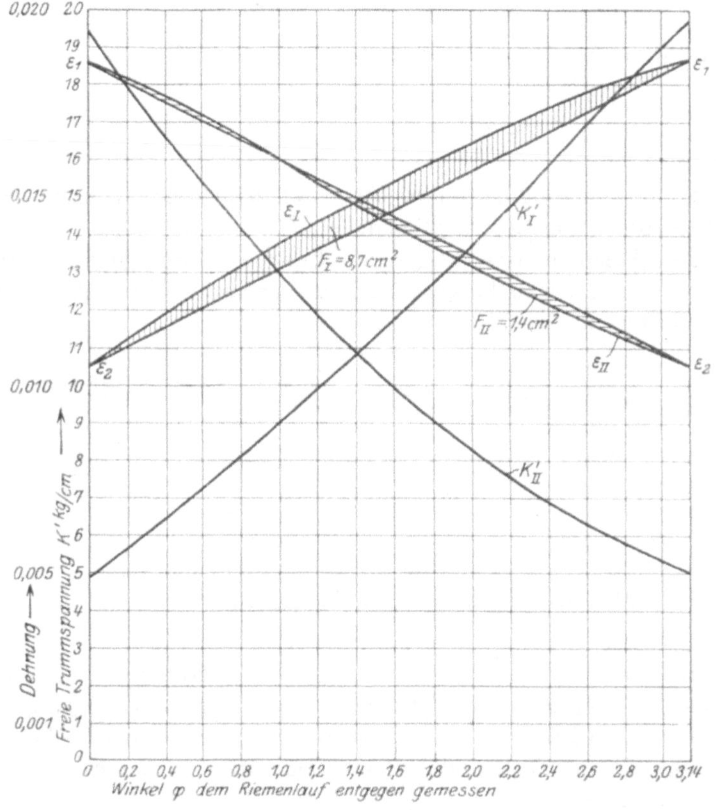

Abb. 54. (Beispiel 2.) Dehnungsverlauf auf den umspannten Bögen.
Maßstäbe: Dehnungen: 0,001 = 1 cm, Umspannungsbogen: 1 = 5 cm,
$\int \varepsilon \, d\varphi$: 0,001 = 5 cm².

XIII. Riementrieb mit Geschwindigkeitsübersetzung.

Soll der Riementrieb, was die Regel bildet, eine Geschwindigkeitsübersetzung ergeben, so haben die Scheiben ungleichen Durchmesser. Das hat im Gegensatz zu den bisherigen Verhältnissen zur Folge, daß

1. auch bei wagerechter Lage der Verbindungslinie der Wellenachsen die schwebenden Trumme eine schwachgeneigte Lage annehmen;

2. die Umspannungswinkel ungleich, d. h. auf der kleinen Scheibe $< 180°$, auf der großen $> 180°$ ausfallen.

Der Einfluß der Trummneigung kann vernachlässigt werden. Die Umspannungswinkel werden genau genug bestimmt, indem an beide Scheiben gemeinsame Tangenten gelegt werden. Dagegen ist zu beachten, daß die Umrißlinie des Riemens nicht nach der Annäherung

$$2\,a' = 2\,a + \pi\,(r_2 + r_1)$$

berechnet werden darf, sondern daß die genauere Formel

$$2\,a' = 2\,a + \pi\,(r_2 + r_1) + \frac{(r_2 - r_1)^2}{a} \tag{38}$$

verwendet werden muß. Dem straffen und dem losen Trumm wird je die Hälfte dieser Länge zugewiesen.

An dem Beispiel 1 des vorigen Abschnittes soll nun gezeigt werden, worin sich die Untersuchung von dem Verfahren bei gleich großen Scheiben unterscheidet.

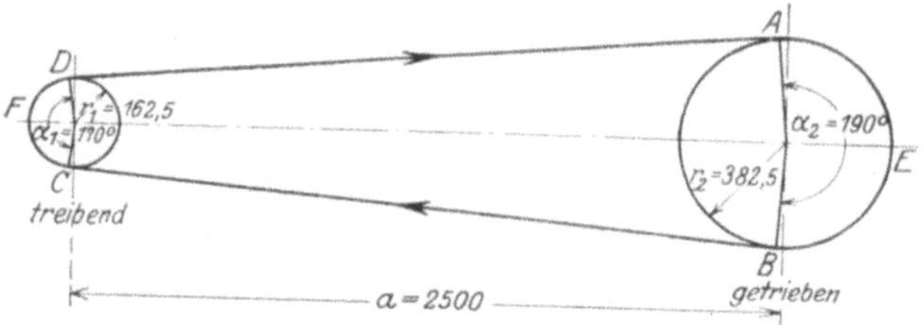

Abb. 55. Trieb mit Geschwindigkeitsübersetzung.

Es seien 6 PS von einer Welle mit 400 Umläufen auf eine Welle mit 170—175 Umläufen zu übertragen. Bei einem Wirkungsgrad von 0,95 sind also 6,3 PS einzuleiten. Bei der Riemengeschwindigkeit von 7 m/sec erhält die kleine Scheibe 32,5 cm Durchmesser, die große Scheibe 76,5 cm (Abb. 55).

Ein Riemen von 9 cm Breite ergibt bei 7,5 kg/cm Nutzspannung die Nutzkraft 67,5 kg, die bei 7 m/sec Riemengeschwindigkeit die Leistung von 6,3 PS ergibt. Bei einem Achsenabstand von 250 cm ergibt sich der Umriß jedes Trumms zu $a' = 336,5$ cm, dasselbe Maß wie bei Beispiel 1 des vorigen Abschnittes, so daß die Leerlaufcharakteristik und Arbeitscharakteristik sowie die Winkelflächendiagramme von diesen benutzt werden können, wenn die Vorspannung wieder mit 3,5 cm angenommen wird.

Der umspannte Bogen auf der treibenden Scheibe fällt bei einem Winkel von 170° zu 2,96 aus, derjenige der getriebenen Scheibe bei einem Winkel von 190° zu 3,32. Mit diesen Werten ergibt sich aus Abb 41 für die treibende Scheibe ein Gleitschlupf von 1,5 cm/sec und für die getriebene Scheibe aus Abb. 44 ein solcher von 0,65 cm. Damit ergibt sich die Umfassungsgeschwindigkeit der getriebenen Scheibe zu

$$u_2 = u_1 \cdot (1 - \Delta\,\varepsilon) - w_{g\,I} - w_{g\,II}$$

$$7 \text{ m/sec} \cdot (1 - 0{,}00691) - 0{,}0215 = 6{,}93 \text{ m/sec}.$$

Die Umlaufzahl der getriebenen Scheibe beträgt also

$$n_2 = \frac{60 \cdot u_2}{2\,\pi\,r_2} = 173\,,$$

Treibende Scheibe: $r_1 = 16{,}25$ cm, $\varphi_1 = 2{,}96 \sim 170°$.   Getriebene Scheibe: $r_2 = 38{,}25$ cm, $\varphi_2 = 3{,}32 \sim 190°$.

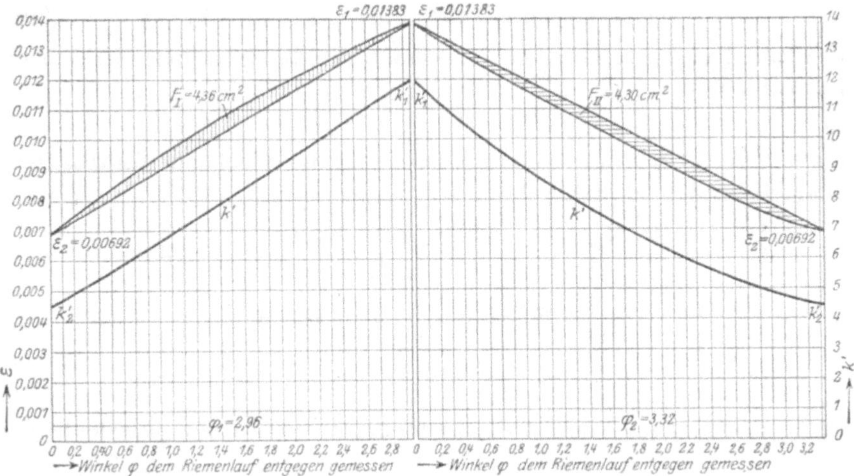

Abb. 56.

Trieb mit Geschwindigkeits-übersetzung.   Dehnungsverlauf auf den umspannten Bögen.

Maßstab: $\varepsilon : 0{,}01 = 10$ cm, $\varphi : 1{,}0 = 4$ cm, $\int \varepsilon\,d\varphi : 0{,}01 = 40$ cm², $\Delta l_\varphi = r_1 F_I = r_2 F_{II} = -0{,}023$ cm,

$$\frac{\Delta l_\varphi}{\Delta l_n} - \frac{0{,}023}{1{,}17} = -0{,}02.$$

der Energieverlust durch Riemenschlupf beträgt

$$\frac{7 - 6{,}93}{7} = 1 \text{ vH},$$

wovon 0,7 vH auf Dehnungsschlupf und 0,3 vH auf Gleitschlupf entfallen. Es ist noch zu prüfen, ob auch auf den ungleichen Umspannungsbögen das bisherige Näherungsverfahren für den Dehnungsverlauf auf den Scheiben brauchbare Werte liefert. In Abb. 56 ist der Dehnungsverlauf auf den umspannten Bögen der treibenden und getriebenen Scheibe als Funktion des Umspannungsbogens aufgetragen. Die zusammengehörigen Werte von Trummspannung und Bogen sind für die treibende Scheibe aus Abb. 41 bei $w_y = 1{,}5$ cm/sec und für die getriebene Scheibe aus Abb. 44 bei $w_y = 0{,}65$ cm/sec entnommen. Mit diesen freien Trummspannungen sind dann für die zugehörigen vollen Trummspannungen die Dehnungen aus Abb. 4 entnommen.

In Abb. 10 und 11, Abschnitt VI, gilt nun für die treibende Scheibe der Umspannungsbogen φ_1 und der Radius r_1, für die getriebene Scheibe der Umspannungsbogen φ_2 und der Radius r_2. Damit lauten Gleichung (20) und (21)

$$\Delta l_{u\varphi}^{I} = \varphi_1 r_1 (\varepsilon_{mI} - \varepsilon_m)\,, \qquad \Delta l_{u\varphi}^{II} = \varphi_2 r_2 (\varepsilon_m - \varepsilon_{mII})\,,$$

so daß Gleichung (22) lautet

$$\Delta l_\varphi = \varphi_1 r_1 (\varepsilon_{mI} - \varepsilon_m) - \varphi_2 r_2 (\varepsilon_m - \varepsilon_{mII})\,, \tag{39}$$

oder mit den Bezeichnungen F_I und F_{II} für die schraffierten Flächen der Abb. 56

$$\Delta l_\varphi = r_1 F_I - r_2 F_{II}\,.$$

Hiermit ergibt sich unter Berücksichtigung des Flächenmaßstabes der Abb. 56, in der 40 cm² $= 0{,}01$ sind,

$$\Delta l_\varphi = \frac{(16{,}25 \cdot 4{,}36 - 38{,}25 \cdot 4{,}30) \cdot 0{,}01}{40} = -0{,}023 \text{ cm},$$

so daß sich mit der Voreilung $\Delta l_n = 1{,}17$ cm ergibt

$$\frac{\Delta l_\varphi}{\Delta l_n} = -0{,}02\,.$$

Der Fehler beträgt 2 vH der Voreilung, ist also wieder unbedeutend.

XIV. Schräge und senkrechte Riementriebe.

Wie in Abschnitt VII gezeigt ist, überwiegt für Riemen mit normaler Nutz- und Vorspannung die Dehnungswirkung die Gewichtswirkung bei weitem. Nun vermeidet man heute schon bei wagerechten Riementrieben die schädlichen Folgen starken Gleitschlupfes, der zu großem Riemenverschleiß und erheblichem Arbeitsverlust führt, indem man die Riemen ausgiebig vorspannt. Um so mehr ist diese Maßregel üblich und notwendig bei schräge gerichtetem Riementrieb. Da diese Riementriebe aus Rücksicht auf Stockwerkshöhe und Platzbedarf selten mit großen Achsenabständen ausgeführt werden, so kann von der Gewichtswirkung meistens ganz abgesehen und nur die Vorspannungsdehnung in Rechnung gesetzt werden. Das bedeutet, daß in Gleichung (18) das Glied, welches die Eigengewichtskurve ergibt, unterdrückt werden kann, so daß diese Gleichung dann einfach lautet

$$l_u - a' + \varepsilon \cdot l_u = 0\,.$$

Da die Vergleichsrechnung, deren Ergebnisse in Abb. 21 dargestellt
sind, ergeben hatte, daß der Einfluß der Eigengewichtskurve bei normaler Vorspannung erst bei Achsenabständen von etwa 7 m einen merklichen Einfluß auf die Arbeitscharakteristik gewinnt, so erscheint es
danach berechtigt, die geneigten Riementriebe wie die wagerechten zu
behandeln. Die Zulässigkeit dieser Vereinfachung wird in Abschnitt XVI
noch an einem Beispiel gezeigt werden.

XV. Spannrollentrieb.

Der als Beispiel 2, Abschnitt XII, behandelte Riementrieb soll nun
in einen Spannrollentrieb umgewandelt werden. Der Spannrollentrieb
unterscheidet sich in zweierlei Hinsicht grundsätzlich vom einfachen
Riementrieb, und zwar dadurch, daß

1. die Länge des Umrisses nicht wie beim einfachen Riementrieb
unveränderlich ist, sondern sich mit der Stellung der Spannrolle ändert;

2. die Kraft in dem von
der Spannrolle gespannten
Trumm für jede Stellung der
Spannrolle durch die Rollenbelastung fest bestimmt ist.

Hiervon ist bei der Be-
handlung des Spannrollentriebes
auszugehen. Vom Einfluß des
Riemengewichtes auf die Spannung kann man absehen, die
Riemenfliehkraft ist natürlich
zu beachten. Zunächst wird der

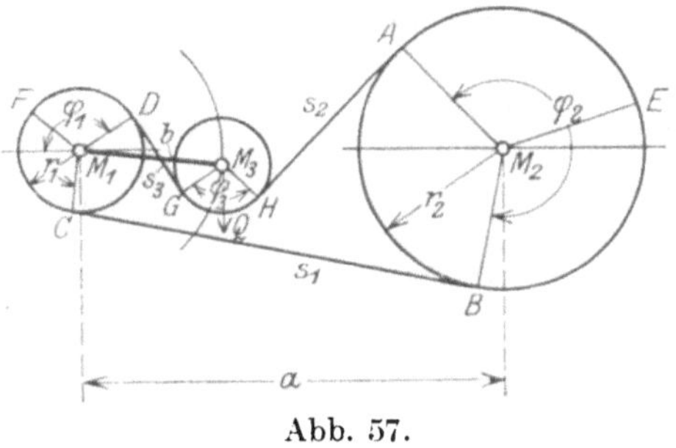

Abb. 57.

Riementrieb für verschiedene Stellungen der Spannrolle aufgezeichnet.
(Abb. 57.) Der gesamte Umriß beider Trumme $E\,B\,C\,F\,D\,G\,H\,A\,E$
wird abgemessen und in die Länge des straffen und des losen Trumms
geteilt, indem als Teilpunkte die Mitten E und F der umspannten Bögen
φ_2 und φ_1 der getriebenen und der treibenden Scheibe angenommen werden. Demnach ist $l = l_1 + l_2$ mit der Bedeutung:

$$l_1 = s_1 + \frac{\varphi_1\,r_1 + \varphi_2\,r_2}{2}\,, \tag{40}$$

$$l_2 = s_2 + s_3 + \frac{\varphi_1\,r_1 + \varphi_2\,r_2}{2} + \varphi_3\,r_3\,. \tag{41}$$

Bestimmt man durch Entnahme aus einer Zeichnung oder durch Berechnung l_1 und l_2 für beliebige Grundmaße von Spannrollentrieben
und für beliebige Rollenstellungen, so ergibt sich, daß m i t e i n e r A b-

weichung von wenigen Hundertstel $l_1 \sim l_2 \sim \dfrac{l}{2}$ gesetzt werden kann. Nun wird das statische Moment der Rollenbelastung, bezogen auf den Rollendrehpunkt M_1 für die einzelnen Rollenstellungen ermittelt

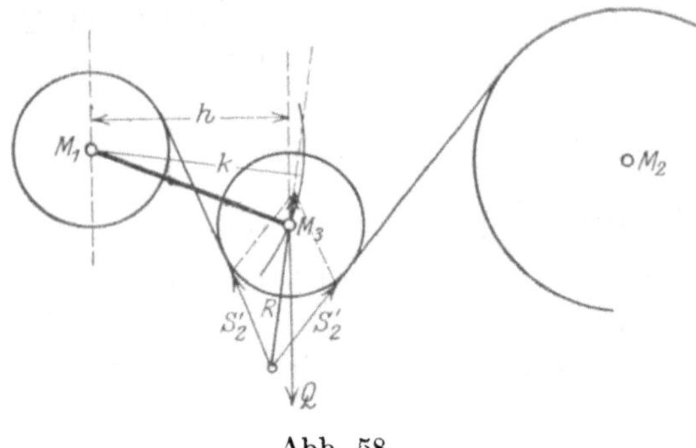

Abb. 58.

und hieraus die Kraft im losen Trumm. Für den einfachsten Fall, daß ein Gewicht Q in der Rollenachse angreift, ist z. B. (s. Abb. 58) $Q \cdot h = R \cdot k$, worin R die Mittelkraft der freien Trummkräfte S_2' ist. Wird von dem geringen Einfluß des Ventilations- und Reibungswiderstandes der Rolle sowie der Riemensteifigkeit abgesehen, so sind die freien Trummkräfte vor und hinter der Rolle gleich. Die für verschiedene Rollenstellungen ermittelten freien Trummkräfte S_2' sind in Abb. 59 als Ordinaten über den zugehörigen Längen l des Fadenumrisses als Abszissen aufgetragen. Auf derselben Abszissenachse wird nun auch die angenommene Urlänge l_u des Riemens, deren Endpunkt in O liegen möge, aufgetragen und zu ihr wird die Dehnungskurve $\varepsilon\, l_u$ hinzugefügt in Abhängigkeit von den zugehörigen Werten der freien Trummkräfte. Im Schnittpunkt P_0 der Dehnungskurve und der Trummkraftkurve ergibt sich die Leerlaufkraft S_0 und die zu

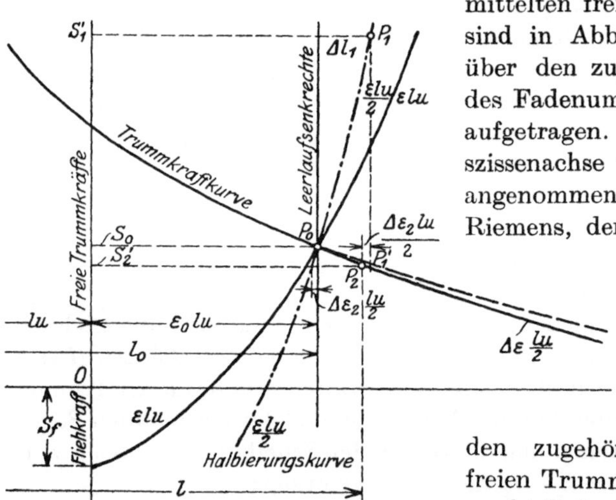

Abb. 59.

gehörige Länge l_0 des ganzen Riemens, die gleichzeitig die Lage bestimmten, in die die Spannrolle bei Leerlauf einschwenkt. In dieser Auftragung bedeutet im Gegensatz zu den früheren Abschnitten l_u die Urlänge des ganzen Riemens, sowohl des rollenbelasteten wie des unbelasteten Trumms, und $\varepsilon\, l_u$ dessen Dehnung, l_0 die gedehnte Länge des ganzen Riemens im Leerlauf.

Der Punkt P_0 erfüllt die Gleichung

$$l_{o1} + l_{o2} - l_u - \varepsilon_0 l_u = 0 \,.$$

Wird nun der Riementrieb belastet, so eilt zunächst, wie beim einfachen Riementrieb, die treibende Scheibe vor, so daß ein Riemenstück $\varDelta l$ aus dem nunmehr straffen Trumm, dessen Dehnung dabei auf ε_1 steigt, entnommen und in das lose Trumm überführt wird. Dieser Längenzuwachs im losen Trumm wird durch Einschwenken der Spannrolle aufgenommen; gleichzeitig ändert sich die Spannung des losen Trumms auf ε_2; doch ist die hierdurch herbeigeführte Änderung in der gedehnten Länge des losen Trumms gegenüber dem Einfluß der Schwenkung der Rolle gering. Hieraus ergibt sich folgender Weg zur Entwicklung der Arbeitscharakteristik.

Der Längenzuwachs im losen Trumm muß durch vermehrte Dehnung des straffen Trumms gedeckt werden. An dieser Dehnung nimmt, wie gezeigt wurde, rund die Hälfte des ganzen Riemens teil; ebenso erstreckt sich die Abnahme der Dehnung im losen Trumm auf rund die Hälfte des ganzen Riemens. Von der den Gleichgewichtszustand im Leerlauf anzeigenden Senkrechten durch P_0 ist demnach die Strecke

$$\varDelta l_1 = (\varepsilon_1 - \varepsilon_0)\, l_{u1} \sim \varDelta \varepsilon_1 \frac{l_u}{2}$$

anzutragen, d. h. die zu jedem Werte S' gehörigen wagerechten Abstände zwischen der Leerlaufsenkrechten durch P_0 und der Kurve für $\varepsilon\, l_u$ sind zu halbieren, wie dies die strichpunktierte Linie Abb. 59 angibt. Nimmt man nun eine Strecke $\varDelta l_1$ an, so schneidet die Wagerechte durch ihren Schnittpunkt P_1 mit der Halbierungskurve links den zugehörigen Wert S_1' ab. Aus dieser Strecke müssen bestritten werden

1. die Zunahme der Umrißlinie

$$\varDelta l = \varDelta \varphi_1 r_1 + \varDelta \varphi_2 r_2 + \varDelta s_2 + \varDelta \varphi_3 r_3 \,,$$

s_1 und s_3 [Gleichung (40) und (41)] sind unveränderlich;

2. die Abnahme der gedehnten Länge des losen Trumms infolge Änderung der Trummkraft S_0' auf S_2', d. h. die Länge

$$(\varepsilon_0 - \varepsilon_2)\, l_{u2} \sim \varDelta \varepsilon_2 \frac{l_u}{2} \,.$$

Mithin muß sein

$$\varDelta \varepsilon_1 \frac{l_u}{2} = \varDelta l + \varDelta \varepsilon_2 \frac{l_u}{2} \,.$$

Man legt also (Abb. 59) durch eine Anzahl von Punkten der Trummkraftkurve unterhalb des Punktes P_0 Wagerechte, greift den auf ihnen gemessenen Abstand der Leerlaufsenkrechten von der links abweichenden strichpunktierten Halbierungskurve ab und fügt ihn rechts von der

Trummkraftkurve zu dieser hinzu; so entsteht die gestrichelte Kurve, die im wagerechten Abstand $\dfrac{\mathit{\Delta}\,\varepsilon\,l_u}{2}$ von der Trummkraftkurve verläuft.

Fällt man nun von irgend einem oberhalb des Punktes P_0 gelegenen Punkt P_1 der Halbierungskurve, zu dem die freie Trummkraft S_1' des straffen Trumms gehört, ein Lot, so ergibt die Ordinate seines Schnittpunktes P_1' mit der gestrichelten Kurve die zugehörige freie Trummkraft S_2' des losen Trumms; die Abszisse ihres Schnittpunktes P_2 mit der Trummkraftkurve stellt die gedehnte Länge l des ganzen Riemens dar.

Diese Ermittlungen sind mit der Vereinfachung $l_1 \backsim l_2$ und daher mit einer mittleren Dehnungskurve $\dfrac{\varepsilon\,l_u}{2}$ für beide Trumme durchgeführt. Es kann aber auch eine Verbesserung mit genaueren Werten $\varepsilon\,l_{u\,1}$ und $\varepsilon\,l_{u\,2}$ vorgenommen werden.

Für den Leerlauf ist

$$\frac{l_{u\,1}}{l_{u\,2}} = \frac{l_{1\,o}}{l_{2\,o}} \quad\text{und}\quad l_u\,(1 + \varepsilon_0) = (l_{u\,1} + l_{u\,2})\,(1 + \varepsilon_0) = l_{1\,o} + l_{2\,o},$$

so daß $l_{u\,1}$ und $l_{u\,2}$ für den Leerlauf bekannt sind. Mithin können an Stelle der mittleren Kurve $\dfrac{\varepsilon\,l_u}{2}$ auch die Kurven $\varepsilon\,l_{u\,1}$ und $\varepsilon\,l_{u\,2}$ eingezeichnet werden; am einfachsten derart, daß man die Kurven zunächst in beliebiger Lage aufzeichnet und dann mit ihrem dem Wert ε_0 entsprechenden Punkt nach S_0' verlegt, wie dies Abb. 60 andeutet. Der Unterschied gegenüber den Werten, die mit der Kurve für $\dfrac{\varepsilon\,l_u}{2}$ erhalten werden, ist gering. Demnach braucht nicht beachtet zu werden, daß im Belastungszustande die Urlänge auf die Trumme etwas anders verteilt ist als im Leerlauf.

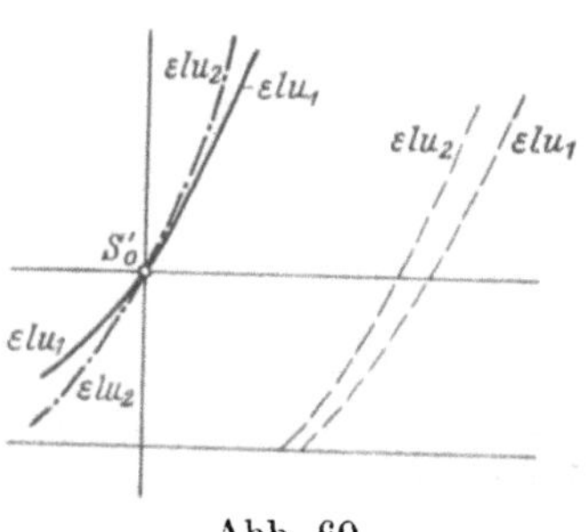

Abb. 60.

In der entwickelten Weise ist nun ein Spannrollentrieb mit folgenden Abmessungen behandelt:

Riemenbreite 37,5 cm, Achsenabstand $a = 525$ cm, Scheibendurchmesser $d_1 = 125$ cm (treibend), $d_2 = 375$ cm (getrieben), Spannrollendurchmesser $d_3 = 90$ cm, Spannrollenlenker $c = 127,5$ cm, Spannrollengewicht $Q = 280$ kg, Riemengeschwindigkeit $v = 30$ m/sec, Nutzkraft $S_n = 550$ kg.

Aus der im Maßstab 1 : 10 ausgeführten Zeichnung sind für 4 Stellungen der Spannrolle die Bogen- und Sehnenlängen abgemessen und die freien Kräfte des rollenbelasteten Trumms bestimmt. Die gefun-

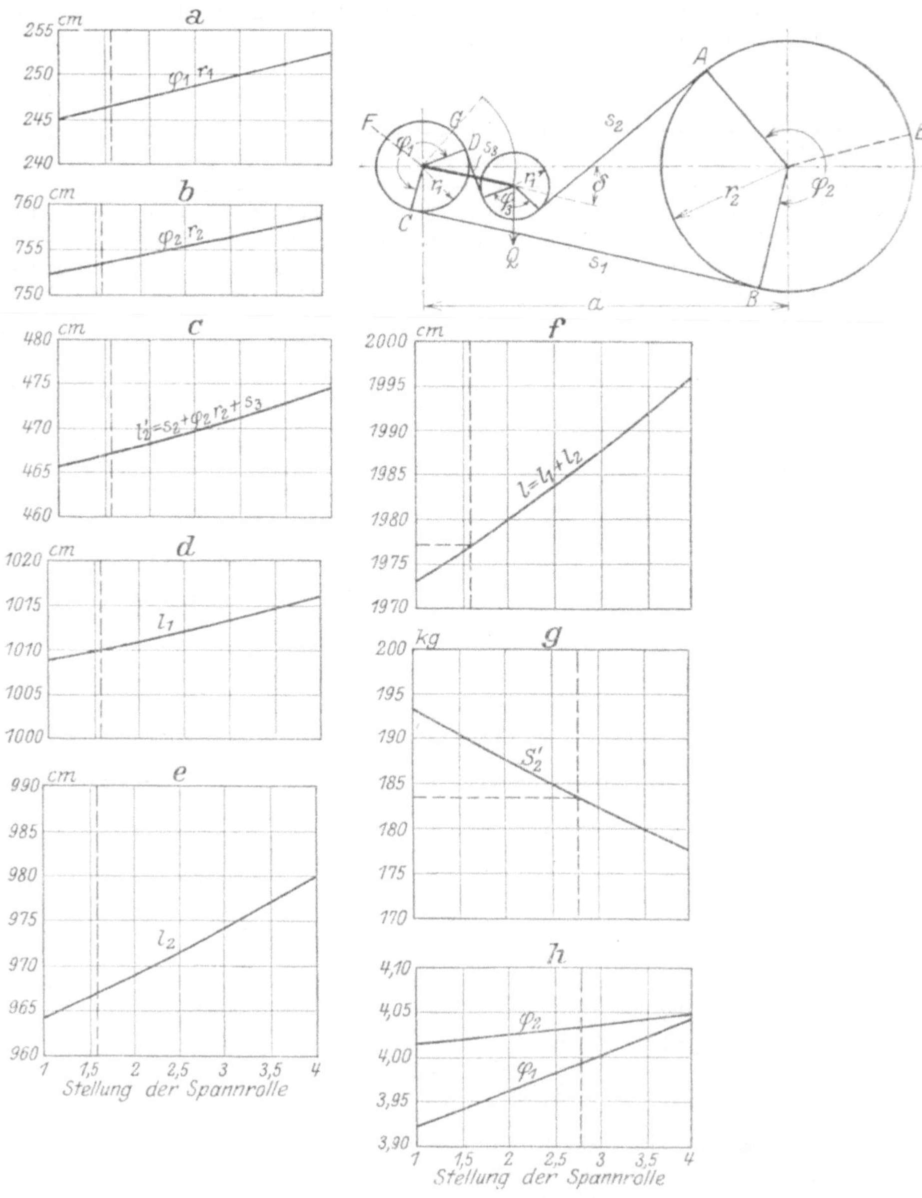

Abb. 61. Spannrollentrieb. Interpolationskurven.

$a = 525$ cm, $\qquad Q = 280$ kg, $\qquad r_1 = 62{,}5$ cm, $\qquad r_2 = 187{,}5$ cm, $\qquad r_3 = 45$ cm;

Spannrollenlenker 127,5 cm, Riemenbreite 37,5 cm, $v = 30$ m/sec;

$$l_1 = \frac{\varphi_1 r_1 + \varphi_2 r_2}{2} + s_1, \qquad\qquad l_2 = \frac{\varphi_1 r_1 + \varphi_2 r_2}{2} + s_2 + s_3 + \varphi_3 r_3.$$

denen Werte zeigt nachstehende Tabelle 6, in der S_2' die freie Kraft im losen Trumm bedeutet.

Tabelle 6.

Stellung	Winkel δ	S_1	S_2	S_3	$\varphi_1 r_1$	$\varphi_2 r_2$	$\varphi_3 r_3$	l_1	l_2	$l_1 + l_2$	φ_1	φ_2	S_2'
1	$1°3'$	509,9	322,6	68,6	245,2	752,3	74,3	1008,7	964,3	1973,0	3,923	4,013	193,1
2	$3°19'$	509,9	322,8	68,6	247,4	754,1	76,7	1010,8	969,0	1979,8	3,962	4,026	187,4
3	$5°35'$	509,9	323,4	68,6	250,0	756,7	789	1013,3	974,2	1987,5	4,000	4,036	182,5
4	$7°51'$	509,9	324,4	68,6	252,6	758,9	812	1015,7	980,0	1995,7	4,041	4,047	177,2

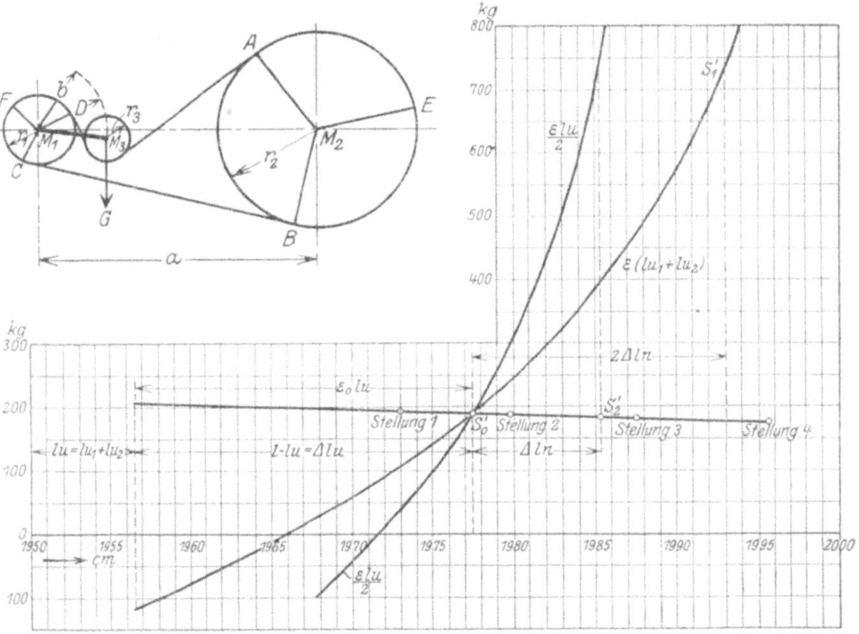

Abb. 62. Spannrollentrieb. Leerlaufcharakteristik.

$a = 525$ cm, $b = 127,5$ cm, $r_1 = 65$ cm, $r_2 = 187,5$ cm, $r_3 = 45$ cm, $G = 280$ kg, $v = 30$ m/sec,

$\left.\begin{array}{l} l_1 = \overline{EBCF} \\ l_2 = \overline{FDAE} \end{array}\right\} l_1 + l_2 = l, \quad lu = 1956,5$ cm.

Außerdem sind die Ergebnisse in Abb. 61a—h so zusammengestellt, daß Zwischenwerte abgelesen werden können. In Abb. 62 ist dann die Leerlaufcharakteristik entworfen, und zwar unter Verwendung der Werte $\dfrac{\varepsilon\, l_u}{2}$. Die Abb. 63 zeigt ferner den Unterschied, der bei Verwendung der Werte $\varepsilon l_{u\,1}$ und $\varepsilon l_{u\,2}$ eintritt. Während im ersten Falle die Voreilung für 550 kg Nutzkraft mit 7,8 cm erhalten wird, ergibt sich im zweiten Falle 8 cm. Um die Leerlaufkraft und die Kraft im losen Trumm schärfer ablesen zu können, ist in Abb. 64 die Trumm-

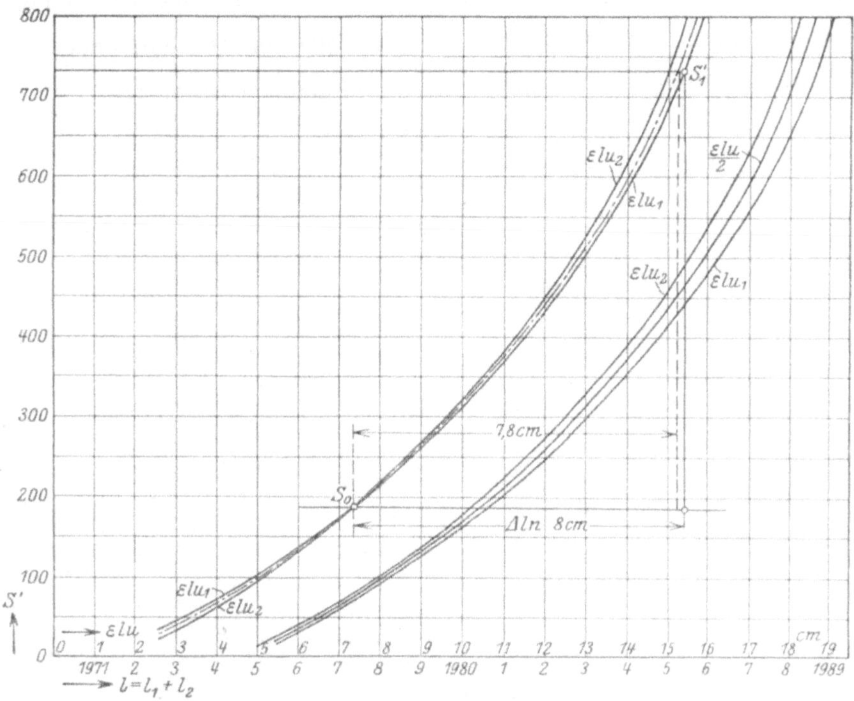

Abb. 63. Spannrollentrieb. Leerlaufcharakteristik mit Berücksichtigung der ungleichen Trummlängen.

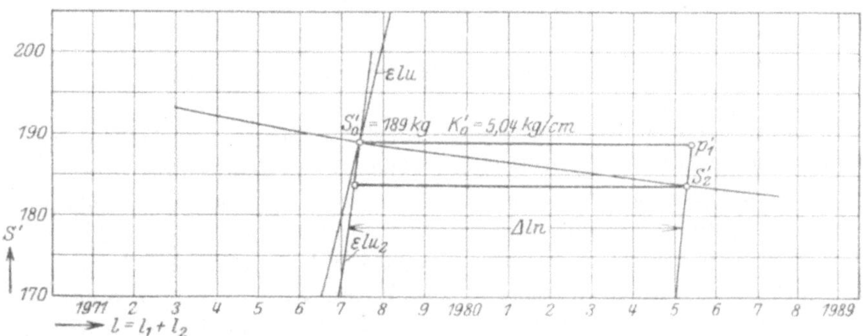

Abb. 64. Spannrollentrieb. Genauere Bestimmung der Leerlaufkraft.

kraftkurve in vergrößertem Maßstab gezeichnet. Ferner ist die Trumm-kraft S_2' im losen Trumm, ebenfalls um schärferes Ablesen zu ermöglichen, auf die Weise bestimmt, daß durch den Punkt P_1' eine Äquidistante zur Dehnungskurve $\varepsilon\,l_{u\,2}$ im Abstande $\varDelta\,l_n$ gezogen ist. Der Betrag von $\varDelta\,\varepsilon\,l_{u\,2}$ ergibt sich zu 0,2 cm. Der Fehler, der durch seine Vernachlässigung begangen wird, zählt in entgegengesetztem Sinne wie der Fehler, der durch Verwendung von $\dfrac{\varepsilon\,l_u}{2}$ an Stelle von $\varepsilon\,l_{u\,1}$ entstanden ist. Man kann also beide Vereinfachungen unbedenklich anwenden.

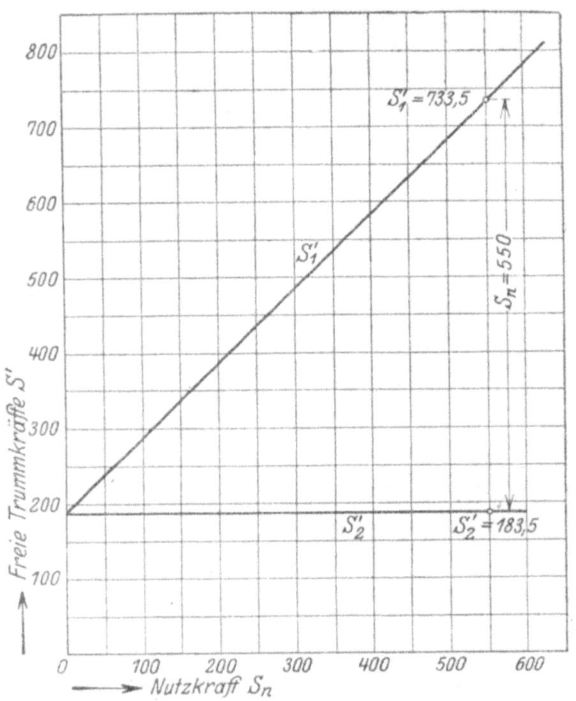

Abb. 65. Spannrollentrieb. Arbeitscharakteristik.

In Abb. 65 ist die Arbeitscharakteristik dargestellt, die aus zwei annähernd geraden Linien besteht. Die freien Trummkräfte ergeben sich für die Nutzkraft 550 kg zu $S_1' = 735,5$ kg und $S_2' = 183,5$ kg: mithin die vollen Trummkräfte zu 848,5 und 298,5 kg. Für die Prüfung der übertragbaren Kraft können also die für den einfachen Riemen des Beispiels 2, Abschnitt IX, gefundenen Werte $S_1' = 735$ und $S_2' = 300$ mit brauchbarer Annäherung verwendet werden. Für den Spannrollentrieb ergibt sich mit $S_2' = 183,5$ kg aus Abb. 61 g die Stellung der Spannrolle zu 2,75 und damit aus Abb. 61 h der Umspannungsbogen der treibenden Scheibe zu 3,99, derjenige der getriebenen Scheibe zu 4,04, d. h. für beide Scheiben zu ~ 4. Hierfür ergibt sich aus den Interpolationskurven (Abb. 52, 53), daß der Dehnungsschlupf zur Kraftübertragung

genügt. Liest man die hierfür gültigen Umspannungsbogen für die
Riemenkräfte zwischen 185 und 735 kg in den gleichen Abbildungen ab,
so kann daraus in bekannter Weise der Dehnungsverlauf auf den umspannten Bögen aufgezeichnet werden, s. Abb. 66. Der Fehler, der durch

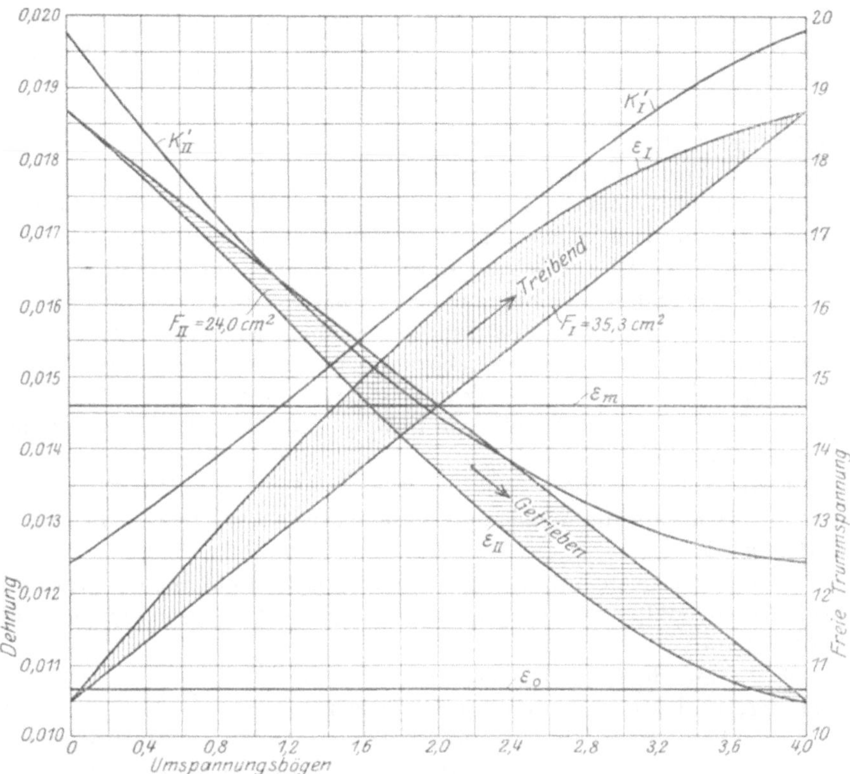

Abb. 66. Spannrollentrieb. Dehnungsverlauf auf den umspannten Bögen.

Maßstäbe: Dehnung ε: 0,01 = 20 cm. Winkel η: 1 = 5 cm. Fläche $\int \varepsilon\,d\eta$: 0,01 = 100 cm².
Freie Trummspannung k': 1 kg/cm = 1 cm.

$r_1 = 62,5$ cm, $r_2 = 187,5$ cm, $\varDelta l_n = 8$ cm, $\varDelta l_q = r_1 F_I - r_2 F_{II} = -0,23$ cm,

$$\frac{\varDelta l_q}{\varDelta l_n} = -0,03.$$

Annahme gleicher Änderung der Trummlängen entsteht, beträgt 0,23 cm,
d. h. 3 vH der Voreilung von 8 cm. Bemerkenswert ist noch, daß die
Voreilung gegenüber 4 cm beim einfachen Trieb beim Spannrollentrieb
8 cm beträgt, obwohl die Achsenentfernung von 6 m auf 5,25 m ver-
ringert ist. Der Spannrollentrieb ist also Belastungsänderungen gegenüber viel nachgiebiger als der einfache Trieb.

XVI. Prüfung der Genauigkeit des Verfahrens.

Die vorangegangenen Ermittlungen, besonders im Abschnitt VII, haben ergeben, daß der Einfluß des Eigengewichtes gegenüber der Vorspannung für wagerechte Triebe mit normalen Achsenabständen unbedeutend ist, und dieser Einfluß nimmt noch mehr ab, wenn der Riementrieb geneigt angeordnet ist, da er bei senkrechter Anordnung, bei der eine Spannweite der Seillinie nicht mehr vorhanden ist, nur mehr in Größe des Riemengewichtes auftritt. Daher sind in Vorstehendem sowohl die geneigten Triebe wie auch die Spannrollentriebe nach dem angenäherten Verfahren untersucht.

Es wird aber noch zahlenmäßig zu prüfen sein, ob die dabei erhaltenen Werte mit den aus genaueren Berechnungen erhaltenen genügend übereinstimmen. Diese Prüfung soll dann gleichzeitig die Folgen aller sonstigen gemachten Vereinfachungen berücksichtigen, nämlich daß

1. die An- und Ablaufpunkte als Berührungspunkte der gemeinsamen Tangenten an die beiden Kreise betrachtet werden dürfen;

2. das obere und untere Trumm gleich lang seien;

3. das Gewicht der auf den Scheiben aufliegenden Riementeile zu vernachlässigen ist;

4. die Dehnungskurve mit der Urlänge l_u gleich dem Umriß a' statt mit dem um die Vorspannung berichtigten Wert $l_u - \Delta l_u$ entworfen wird;

5. auf den umspannten Bögen zur Hälfte die Dehnung des straffen Trumms, zur Hälfte die des losen Trumms in die Ermittlung eingeführt werden kann;

6. die aus dem straffen Trumm entnommene gedehnte Länge unverändert in das lose Trumm verwiesen wird.

Nachdem durch die mit diesen Vereinfachungen vorgenommene Ermittlung die freie Trummkraft, sowie in zweiter Annäherung der Verlauf der Dehnung über den umspannten Bögen bekannt sind, kann eine genauere Berechnung des Riementriebes ausgeführt werden. Unterscheidet sich diese zweite Berechnung von der ersten nur unwesentlich, so kann die Untersuchung damit abgeschlossen werden. Erscheint sie erheblich, so wird eine weitere Annäherung gesucht werden müssen. — Einige der behandelten Triebe sollen nunmehr nachgerechnet werden.

1. Wagerechter Trieb nach Beispiel 2.

Mit den in Abschnitt XII gegebenen Hauptwerten dieses Triebes ergeben sich die Parameter der hängenden Riemenbahnen gemäß Gleichung (3) zu

$$h = \frac{H_0 - S_f}{q} = \frac{S'}{q}.$$

Zu berücksichtigen ist hierbei der Einfluß des Gewichts der auf den Scheiben aufliegenden Riemenbahnen gemäß Gleichung (14)

$$T = 1,25 \text{ kg/m} \cdot 2,5 \text{ m} = 3,1 \text{ kg}.$$

Dieses erhöht die freie Kraft im losen (oberen) Trumm auf $S_2' = 188$ kg und hiermit wird, da H_0 gleich der vollen Trummkraft genommen werden darf,

$$h_1 = \frac{735 \text{ kg}}{0,0125 \text{ kg/cm}} = 58\,800 \text{ cm} = 588 \text{ m},$$

$$h_2 = \frac{188 \text{ kg}}{0,0125 \text{ kg/cm}} = 15\,030 \text{ cm} = 150,3 \text{ m}.$$

Mit Hilfe dieser Werte sind nun zu berechnen (Abb. 67)

1. die Winkel β_1 und β_2, unter denen die wahren An- und Ablaufpunkte gegen die Senkrechte liegen;

2. die wahren Sehnenlängen a_1 und a_2;

3. die wahren Bogenlängen s_1 und s_2.

Für die Seillinie gilt (siehe Hütte)

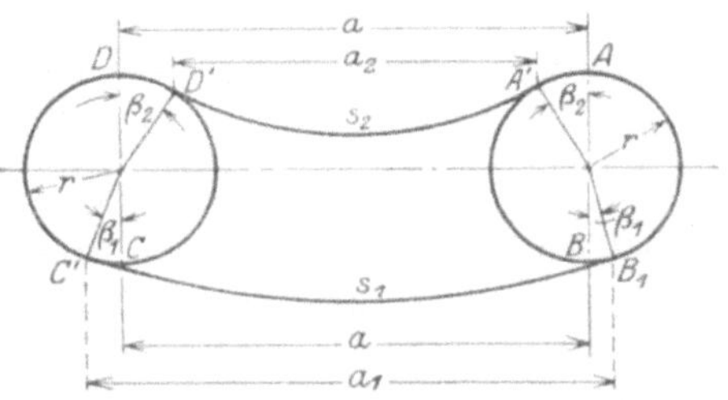

Abb. 67.

$$\frac{dy}{dx} = \operatorname{tg}\beta = \frac{s}{h}$$

oder mit Gleichung (2)

$$\operatorname{tg}\beta = \frac{e^{\frac{x}{h}} - e^{-\frac{x}{h}}}{2}.$$

Durch Reihenwicklung entsteht hieraus mit $x = \frac{a}{2}$

$$\operatorname{tg}\beta = \frac{1}{2}\frac{a}{h} + \frac{1}{48}\frac{a^3}{h^3},$$

also mit $a = 6,0$ m

$$\beta_1 = 17' 32'', \qquad \beta_2 = 1° 8' 40''.$$

Damit ergeben sich die Sehnen

$$a_1 = a + 2\,r\sin\beta_1 = 601,26 \text{ cm}, \qquad a_2 = a - 2\,r\sin\beta_2 = 595,01 \text{ cm}.$$

Mit diesen verbesserten Werten der Sehnenlängen ergibt sich die ganze Bogenlänge zu

$$s_1 = 2\,h_1 \operatorname{tg}\beta_1 = 601,26 \text{ cm}, \qquad s_2 = 2\,h_2 \operatorname{tg}\beta_2 = 595,05 \text{ cm},$$

d. h. es ergibt sich kein Unterschied zwischen Sehne und Bogen.

Nun kann die Urlänge des Riemens berechnet werden, die die geforderten Trummkräfte ergibt. Die Urlänge des hängenden Teiles des straffen Trumms ist

$$s_{u\,1} = \frac{s_1}{1 + \varepsilon_1} = \frac{601,3}{1,0187} = 590,3\ \text{cm}$$

und die Urlänge des hängenden Teiles des losen Trumms

$$s_{u\,2} = \frac{s_2}{1 + \varepsilon_2} = \frac{595,1}{1,01064} = 588,7\ \text{cm}.$$

Der Umspannungswinkel war beiderseits mit $180°$ angenommen; er beträgt wirklich $\quad 180° + \beta_2 - \beta_1 = 180°\,51'\,8''.$

Damit ist die Länge des umspannten Bogens jeder Scheibe

$$\varphi\,r = 3,157 \cdot 125 = 394,6\ \text{cm}.$$

Nun ist die Urlänge der auf beiden Scheiben aufliegenden Riemenstücke

$$l^I_{u\,\varphi} = \frac{\varphi \cdot r}{1 + \varepsilon_{m\,I}}, \qquad l^{II}_{u\,\varphi} = \frac{\varphi \cdot r}{1 + \varepsilon_{m\,II}}.$$

Der Dehnungsverlauf auf den umspannten Bögen ist bereits in zweiter Annäherung ermittelt (Abb. 54). Der Einfluß des Gewichts der auf den Scheiben liegenden Riementeile auf den Dehnungsverlauf auf den Scheiben liegt innerhalb der Grenze der Auftragungsfehler und ist für die folgende Verbesserung ohne merklichen Einfluß.

Es sind $\varepsilon_{m\,I}$ und $\varepsilon_{m\,II}$ die Höhen der Rechtecke, die den gleichen Flächeninhalt haben, wie die zwischen den Abszissen $\varphi = 0$ und $\varphi = \alpha$ gemessene Fläche mit den Ordinaten der Werte ε, die in zweiter Annäherung gewonnen sind. Diese Flächen setzen sich (Abb. 54) zusammen aus den Parallelogrammen mit den Ordinaten ε_1 und ε_2 und den darüberliegenden schraffierten Flächenstreifen mit dem Inhalt F_I und F_{II}. Mithin ist

$$\varepsilon_{m\,I} = \frac{\varepsilon_1 + \varepsilon_2}{2} + \frac{F_I}{\alpha}, \qquad \varepsilon_{m\,II} = \frac{\varepsilon_1 + \varepsilon_2}{2} - \frac{F_{II}}{\alpha},$$

worin F_I, F_{II} und α im Maßstab der Zeichnung zu messen sind. Für den Umspannungsbogen von $3,142$ betrug dieser $10\,000$ qcm für $1,0$, mithin ist er für den verbesserten Umspannungsbogen von $3,157$ nunmehr 9860 qcm $= 1,0$.

Die Flächen betragen $F_I = 8,7\ \text{cm}^2$, $F_{II} = 1,4\ \text{cm}^2$. Mit den bekannten Werten für ε_1 und ε_2 ergibt sich daher

$$\varepsilon_{m\,I} = \frac{0,01865 + 0,01054}{2} + \frac{0,00088}{3,157} = 0,01488\,,$$

$$\varepsilon_{m\,II} = \frac{0,01865 + 0,01054}{2} - \frac{0,00014}{3,157} = 0,01456\,.$$

Mithin beträgt das Mittel

$$\frac{\varepsilon_{mI} + \varepsilon_{mII}}{2} = 0{,}01472 \; .$$

Damit ist die Urlänge der auf beiden Scheiben aufliegenden Riemenbahnen

$$2\,l_{u\,q} = \frac{789{,}2}{1{,}01472} = 777{,}7 \text{ cm} \; .$$

Damit ergibt sich die Urlänge, in der der Riemen aufgelegt werden muß, um bei der vorgeschriebenen Geschwindigkeit die gewünschten Trummkräfte zu erhalten, zu

Schwebende Bahn des straffen Trumms $s_{u\,1} = 590{,}3$ cm
Schwebende Bahn des losen Trumms $s_{u\,2} = 588{,}7$,,
Auf den Scheiben liegende Bahnen $2\,l_{u\,q} = \underline{777{,}7}$,,
$1956{,}7$ cm.

Aufgelegt ist die Länge $l_u = 2\,(a + \pi \cdot r - \varDelta l_u) = 1986 - 29 = 1957$ cm. Die Einflüsse der verschiedenen Vereinfachungen des Verfahrens haben sich also in diesem Falle ausgeglichen.

Das Scheibenriemengewicht vermindert die Nutzkraft von

$$S_n = 735 - 185 = 550$$

auf

$$S_n = 735 - 188 = 547 \; ;$$

der Fehler, der aus seiner Vernachlässigung herrührt, beträgt 0,6 vH.

2. Geneigter Trieb.

Der in Abb. 55 dargestellte Trieb soll gegen die Wagerechte so geneigt werden, daß der wagerechte Abstand der Wellenmittelpunkte (Abb. 68) $= 150$ cm, der

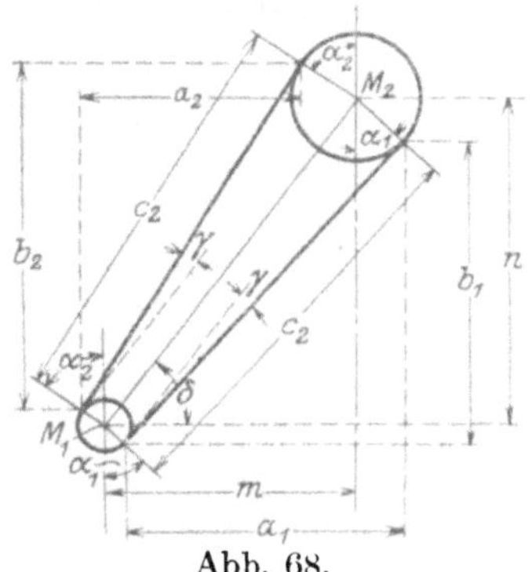

Abb. 68.

senkrechten $= 200$ cm und somit der geneigte Abstand $M_1 M_2 = 250$ cm beträgt. Mit dem Scheibenhalbmesser $r_1 = 16{,}25$ cm und $r_2 = 38{,}25$ cm ergeben sich nun folgende Größen:

Wagerechter Abstand der oberen An- und Ablaufpunkte $a_2 = 131{,}3$ cm
senkrechter ,, ,, ,, ,, ,, ,, $b_2 = 211{,}6$,,
schräger ,, ,, ,, ,, ,, ,, $c_2 = 249{,}0$,,
wagerechter ,, ,, unteren ,, ,, ,, $a_1 = 166{,}4$,,
senkrechter ,, ,, ,, ,, ,, ,, $b_1 = 185{,}3$,,
schräger ,, ,, ,, ,, ,, ,, $c_1 = 249{,}0$,,

Neigungswinkel δ der Achsenverbindungslinie $M_1 M_2$
gegen die Wagerechte . . . . $= 53° 8'$

Neigungswinkel γ der Tangenten gegen $M_1 M_2$ . . . . . $= 5° 2'$

Neigungswinkel der oberen Tangente gegen die Wagerechte
$\delta + \gamma$ . . . . $= 58° 10'$

Neigungswinkel der unteren Tangenten gegen die Wage-
rechte $\delta - \gamma$ . . . . $= 48° 6'$.

Zur Berechnung der Parameter dient der Horizontalzug (Abb. 69)

$$H = S' \cos\alpha ,$$

und zwar ist S' beim geneigten Riementrieb am oberen Ende um die
Gewichtswirkung des hängenden Trumms größer als am unteren Ende.
Dieser Unterschied bleibt bei normaler Riemenspannung den Dehnungs-
kräften gegenüber ganz unerheblich, wie folgende Berechnung ergibt.

Die freien Trummkräfte betragen . $S_1' = 107,5$, $\quad S_2' = 40,0$,
das halbe Riemengewicht der hän-
genden Bahn beträgt . . . . $= \pm 0,34$, $\quad = \pm 0,39$.

Das Gewicht der auf den Scheiben liegenden Riementeile liefert
zum losen Trumm an der oberen Scheibe eine Zusatzkraft von 0,17 kg,
an der unteren Scheibe eine solche von
0,1 kg, die vernachlässigt werden sollen.

Es wird mit den mittleren Kräften gerechnet. Dann ergeben sich die Parameter

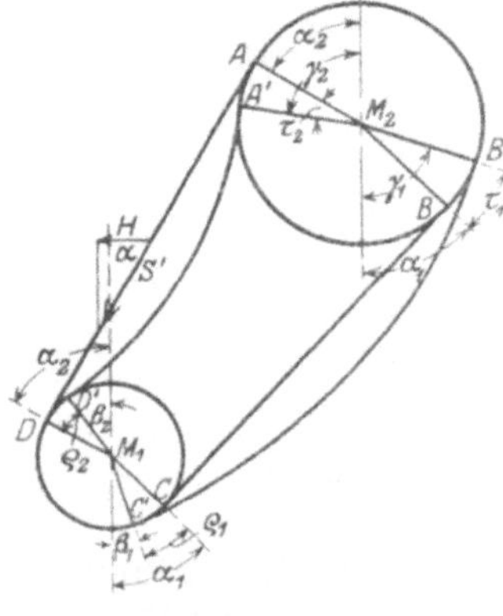

$$h_1 = \frac{S_1' \cos\alpha_1}{q} = 19380 \,\text{cm},$$

$$h_2 = \frac{S_2' \cos\alpha_2}{q} = 5700 \,\text{cm}.$$

Für die Berechnung der Winkel (Abb. 69),
unter denen die Seillinie gegen die Wagerechte geneigt den Kreis berührt, gibt
Duffing[1]) folgende Formeln, hinsichtlich
deren Ableitung durch Reihenentwicklung
auf die Quelle verwiesen wird.

Abb. 69.

$$\operatorname{tg}\beta = \frac{b}{a} - \frac{1}{2}\frac{c}{h} + \frac{1}{12}\frac{ab}{h^2} - \frac{1}{48}\frac{a^4}{c\,h^3} ,$$

$$\operatorname{tg}\gamma = \frac{b}{a} + \frac{1}{2}\frac{c}{h} + \frac{1}{12}\frac{ab}{h^2} + \frac{1}{48}\frac{a^4}{c\,h^3} ,$$

---

[1]) Geometrie der Riementriebe. Z. V. d. I. 1919, S. 931.

während sich die Bogenlänge ergibt zu

$$s = c + \frac{1}{24}\,\frac{a^4}{c\,h^2}\,.$$

Hiermit wird für das straffe untere Trumm

$$\beta_1 = 47°\,55'\,,$$

$$\gamma_1 = 48°\,14'\,.$$

Damit ergeben sich die Winkel, um die die Berührungspunkte der Seillinie vom Berührungspunkt der Tangenten entfernt liegen, für das straffe Trumm zu

$$\varrho_1 = \alpha_1 - \beta_1 = 11'\,,$$

$$\tau_1 = \gamma_1 - \alpha_1 = 8'\,.$$

Ferner wird der Bogen $s_1 = 249$ cm.

In gleicher Weise ergibt sich für das lose obere Trumm

$$\beta_2 = 57°\,48'\,,$$

$$\gamma_2 = 58°\,30'$$

und damit

$$\varrho_2 = \alpha_2 - \beta_2 = 22'\,,$$

$$\tau_2 = \gamma_2 - \alpha_2 = 20'\,;$$

der Bogen ergibt sich zu $s_2 = 249$ cm.

Auch hierbei ergibt sich kein Unterschied zwischen Bogen und Sehne. Nunmehr läßt sich die Urlänge des Riemens berechnen.

1. Straffes Trumm:

$$s_{u\,1} = \frac{s_1}{1 + \varepsilon_1} = \frac{249}{1{,}01383} = 245{,}6 \text{ cm.}$$

2. Loses Trumm:

$$s_{u\,2} = \frac{s_2}{1 + \varepsilon_2} = \frac{249}{1{,}00692} = 247{,}3 \text{ cm.}$$

Die Länge der aufliegenden Bahnen muß für die ungleichen Scheiben getrennt berechnet werden.

1. Treibende Scheibe:

Umspannungswinkel $\varphi_1 = 180° - 10°\,4' = 169°\,56'$,
Halbmesser $r_1 = 16{,}25$ cm,
Umspannungsbogen 2,967,
gedehnte Länge 48,21 cm.

Die mittlere Dehnung ergibt sich nach Abb. 56 zu

$$\varepsilon_{u\,I} = \frac{\varepsilon_1 + \varepsilon_2}{2} + \frac{F_I}{q_1}\,.$$

Hierin ist im Maßstab der Zeichnung gemessen (4000 cm² = 1)

$$F_I = \frac{4,36}{4000} = 0,00109 ,$$

mithin

$$\varepsilon_{m\,I} = 0,01075 .$$

Damit ergibt sich die Urlänge zu

$$l_{u\,_{N_1}} = \frac{48,2}{1,01075} = 47,7 \text{ cm.}$$

2. Getriebene Scheibe:

    Umspannungswinkel $q_2 = 180° + 10° 4' = 190° 4'$,
    Halbmesser $r_2 = 38,25$ cm,
    Umspannungsbogen   3,315,
    gedehnte Länge   126,8 cm.

Die mittlere Dehnung ergibt sich nach Abb. 56 zu

$$\varepsilon_{m\,II} = \frac{\varepsilon_1 + \varepsilon_2}{2} - \frac{F_{II}}{q_2} .$$

Hierin ist im Maßstab der Zeichnung gemessen

$$F_{II} = \frac{4,30}{4000} = 0,00108 ,$$

mithin

$$\varepsilon_{m\,II} = 0,01007 .$$

Damit ergibt sich die Urlänge zu

$$l_{u\,_{N_2}} = \frac{126,8}{1,01007} = 125,6 \text{ cm.}$$

Mit diesen Zahlen ergibt sich die gesamte Urlänge zu

straffes Trumm . . . . 245,6 cm,
treibende Scheibe . . . . 47,7 ,,
loses Trumm . . . . 247,3 ,,
getriebene Scheibe . . . . 125,6 ,,
$$\overline{666,2 \text{ cm}}$$

Aufgelegt ist die Länge 673 − 7 = 666,0 cm, also ergibt sich wiederum Übereinstimmung.

3. Spannrollentrieb nach Abschnitt XIII.

Für den Leerlauf sind aus Abb. 62 abgelesen worden

$$S_0' = 189 \text{ kg} \quad \text{bei} \quad l = 1977,4 \text{ cm.}$$

Die Spannung beträgt also für $S_0 = 304,0$ kg: $k_0 = 8,1$ kg/cm. Hierfür ist die Leerlaufdehnung $\varepsilon_0 = 0,01064$; somit ist der berechnete

Wert der Urlänge $l_u = \dfrac{1977,4}{1,01064} = 1956,4$ cm, während die aufgelegte Länge $l_u = 1956,5$ cm beträgt. Die Nutzkraft von 550 kg (entsprechend $k_n = 14,7$ kg/cm) wird erreicht (Abb. 64) bei einer Riemenlänge $l = 1985,4$ cm; diese verteilt sich auf die beiden Trumme zu

$$s_1 = 509,9\,, \qquad \varphi_1 r_1 = 249,5\,, \qquad \varphi_2 r_2 = 756,5\,, \qquad s_2 + s_3 + \varphi_3 r_3 = 469,5\,.$$

Die Dehnung im straffen Trumm beträgt $\varepsilon_1 = 0,01863$, im losen Trumm $\varepsilon_2 = 0,01052$.

Die Dehnung auf den umspannten Bögen ergibt sich nach Abb. 66 wie folgt:

1. Treibende Scheibe:

$$\varepsilon_m = \frac{\varepsilon_1 + \varepsilon_2}{2} = 0,01458\,.$$

Hierzu die mittlere Höhe der schraffierten Fläche im Maßstab der Zeichnung gemessen (10 000 qcm = 1)

$$\frac{F_I}{\alpha_1} = \frac{35,3}{4} \cdot \frac{1}{10\,000} = 0,00088\,,$$

mithin

$$\varepsilon_{m\,I} = 0,01544\,.$$

2. Getriebene Scheibe:

$$\frac{\varepsilon_1 + \varepsilon_2}{2} = 0,01458\,.$$

Hiervon ab die mittlere Höhe der schraffierten Fläche im Maßstab der Zeichnung

$$\frac{F_{II}}{\alpha_2} = \frac{24}{4} \cdot \frac{1}{10\,000} = 0,00060\,,$$

mithin

$$\varepsilon_{m\,II} = 0,01396\,.$$

Somit ergibt sich die Urlänge des Riemens zu

straffes Trumm	509,9 : 1,01863 = 500,6 cm,
treibende Scheibe	249,5 : 1,01544 = 245,8 ,,
loses Trumm	469,5 : 1,01052 = 464,0 ,,
getriebene Scheibe	756,5 : 1,01396 = 746,1 ,,
	1956,5 cm,

während die aufgelegte Länge ebenfalls 1956,5 cm beträgt; hinzukommt ein weiterer geringer Fehler aus der Vernachlässigung der Gewichtswirkung und der Durchhänge, der aber nach den Ergebnissen der Prüfungen unter 1. und 2. als unerheblich angesehen werden darf.

Wenn in den vorstehenden Proberechnungen die Riemenlängen auf Bruchteile von Zentimetern berechnet sind, so hat eine solche Genauigkeit weder mit Rücksicht auf das praktische Bedürfnis noch auf die Dehnungseigenschaften des Leders eine Berechtigung. Diese ergibt sich vielmehr nur aus der Aufgabe, die Einflüsse der bei Ableitung des Verfahrens gemachten Vereinfachungen auf das Endergebnis durch eine Vergleichsrechnung zu prüfen.

XVII. Prüfung der Reibungs- und Schlupfwerte.

Es soll nun an einigen Beispielen geprüft werden, ob die auf Grund der verwendeten Dehnungs- und Reibungsziffern erhaltenen Ergebnisse hinreichende Übereinstimmung mit den Ergebnissen praktischer Versuche aufweisen, um ihre Verwendung zu rechtfertigen. Da zur Zeit geeignete Messungen der Betriebsdehnung und der Betriebsreibungsziffern noch fehlen, so bleibt nur der Ausweg, Versuche, die an laufenden Riementrieben ausgeführt sind und bei denen mindestens Vorspannung, Nutzspannung, Geschwindigkeit und Schlupf gemessen sind, mit unseren Dehnungs- und Reibungswerten an Hand des entwickelten Verfahrens nachzurechnen und die Übereinstimmung zu prüfen. Aber selbst solche Versuche sind sehr selten ausgeführt. Die Versuche von Kammerer scheiden zum größten Teil aus, weil die Nutzspannungen, um die Riemen zu schonen, weit unter der praktisch belangreichen Grenze gehalten sind. Deshalb ist nur der Versuch Nr. 842—845 im Nachstehenden verwendet. Eine sehr sorgfältige Untersuchung eines Riementriebes liegt von Skutsch[1]) vor. Ferner hat kürzlich Kutzbach[2]) einige Versuche besprochen, die an der Cornell-Universität in Amerika ausgeführt sind.

Mit diesen letzteren Versuchen soll die Prüfung beginnen.

Die 5 untersuchten Riemen waren rund 10 cm breit und 0,55 cm stark; sie liefen mit 16 m/sec Geschwindigkeit über 2 Scheiben von 61 cm Durchmesser; Achsenabstand und Achsdruck sind nicht angegeben. Die Vorspannung bei langsamer Umdrehung der Scheiben (d. h. also die Stillstandsvorspannung) wurde zu 6,5 und 9,6 kg/cm eingestellt, die Nutzspannung in erheblichen Grenzen verändert und der Gesamtschlupf gemessen.

Bei der Nachrechnung ist der Achsenabstand zu 300 cm, das Gewicht des Riemens zu 4,5 kg/qm angenommen. Die Ermittlungen sind in der im Vorstehenden entwickelten Art durchgeführt. Abb. 70 und 71 geben die Leerlauf- und Arbeitscharakteristik für die Stillstandsvor-

---

[1]) Verhandlungen des Vereins zur Beförderung des Gewerbefleißes, Jahrgang 1913, S. 399
[2]) Z. V. d. I. 1925, S. 787.

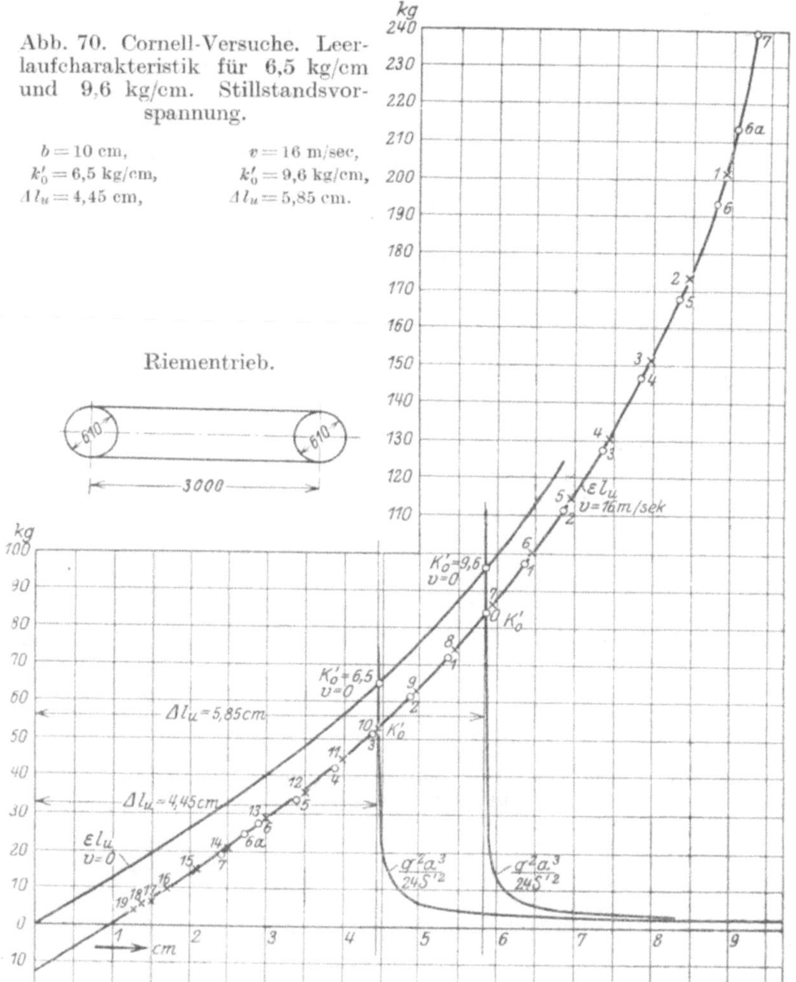

Abb. 70. Cornell-Versuche. Leerlaufcharakteristik für 6,5 kg/cm und 9,6 kg/cm. Stillstandsvorspannung.

$b = 10$ cm, $v = 16$ m/sec,
$k_0' = 6,5$ kg/cm, $k_0' = 9,6$ kg/cm,
$\Delta l_u = 4,45$ cm, $\Delta l_u = 5,85$ cm.

| | $\Delta l_u = 4,45$ cm | | | $\Delta l_u = 4,45$ cm | | | $\Delta l_u = 5,85$ cm | | | $\Delta l_u = 5,85$ cm | |
	S'	S_n	✕	S'	S_n	◯	S'	S_n	◯	S'	S_n
1	201,0	196,7	11	44,4	18,8				1	71,8	25,2
2	173,0	167,9	12	35,8	38,5	7	230,0	210,7	2	61,0	50,0
3	150,6	144,1	13	29,0	57,5	6 a	213,0	189,5	3	51,3	76,2
4	130,8	121,0	14	20,8	79,2	6	193,5	166,5	4	42,3	104,5
5	114,6	100,4	15	14,2	100,4	5	167,5	133,5	5	34,0	133,5
6	100,0	79,2	16	9,8	121,0	4	146,8	104,5	6	27,0	166,5
7	86.5	57,5	17	6,5	144,1	3	127,5	76,2	6 a	24,5	189,5
8	74,3	38,5	18	5,1	167,9	2	111,0	50,0	7	19,3	210,7
9	63,2	18,8	19	4,3	196,7	1	97,0	25,2			
10	53,5	0,0				0	83,5	0,0			

Riementrieb: $b = 10$ cm, $v = 16$ m/sec.

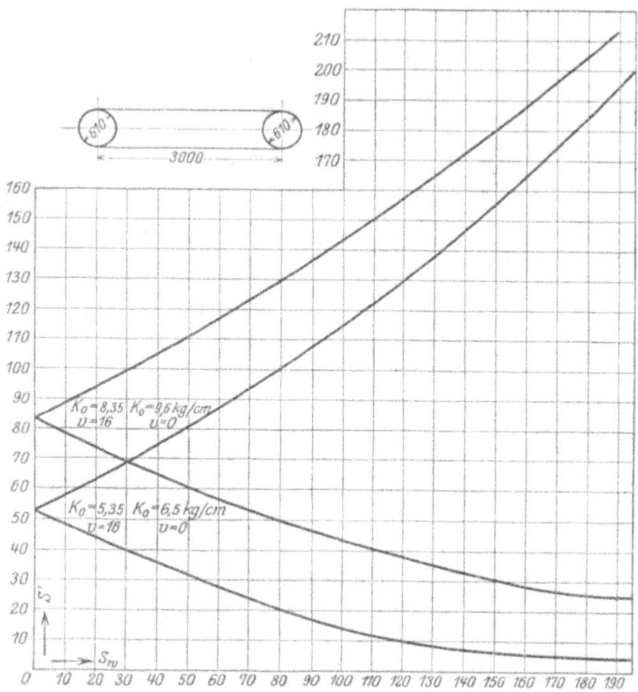

Abb. 71. Cornell-Versuche. Arbeitscharakteristik für 6,5 kg/cm und 9,6 kg/cm Stillstandsvorspannung.

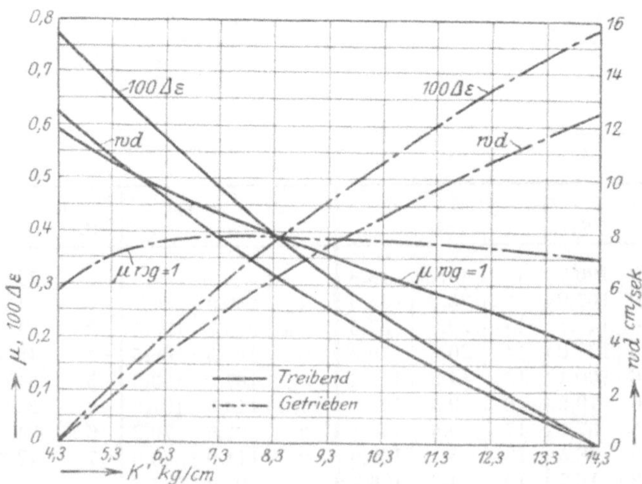

Abb. 72. Cornell-Versuche. Dehnung, Dehnungsschlupf und Reibungsziffern.

Treibende Scheibe

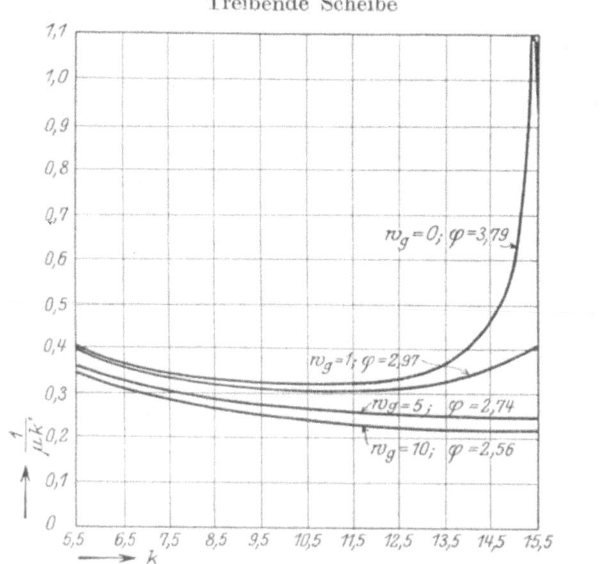
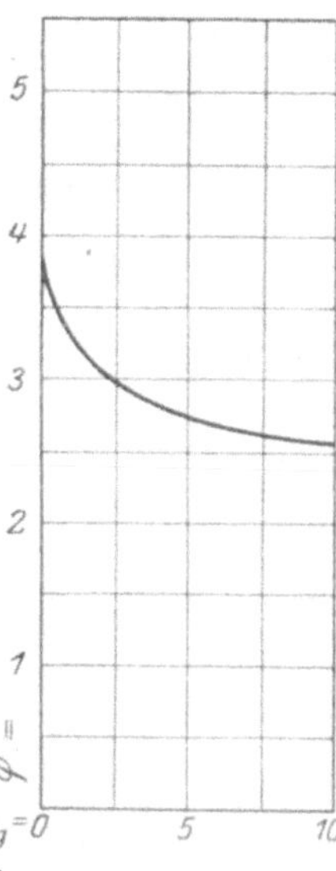

Cornell-Versuche.

Abb. 73. Winkelflächendiagramm $k_n = 10$ kg/cm.

Maßstäbe: k : 1 kg/cm = 1 cm,
$\frac{1}{\mu k'}$: 0,1 cm/kg = 1 cm, $\int \frac{dk}{\mu k'}$: 1 = 10 cm².

Abb. 74. Interpolationskurve.

spannungen 6,5 und 9,6 kg/cm; Abb. 72 zeigt beispielweise Dehnungsänderung, Dehnungsschlupf und Reibungsziffern für $k_o = 9,6$ und $k_n = 10$. Abb. 73, hierfür die Winkelflächendiagramme, Abb. 74 die Interpolationskurve für die treibende Scheibe, Abb. 75 das Winkel-

Getriebene Scheibe:
$k_o = 9,6$; $k_n = 10$ kg/cm.

Abb. 75. Cornell-Versuche.
Winkelflächendiagramm.

Maßstäbe:
k : 1,0 kg/cm = 1 cm,
$\frac{1}{\mu k'}$: 0,1 cm/kg = 1 cm,
$\int \frac{dk}{\mu k'}$: 1 = 10 cm².

$w_g = 1$ cm/sec $\quad \eta = 3,29$,
$w_g = 2$ cm/sec $\quad \eta = 3,08$,
$w_g = 1,3$ cm/sec $\quad \eta = 3,14$.

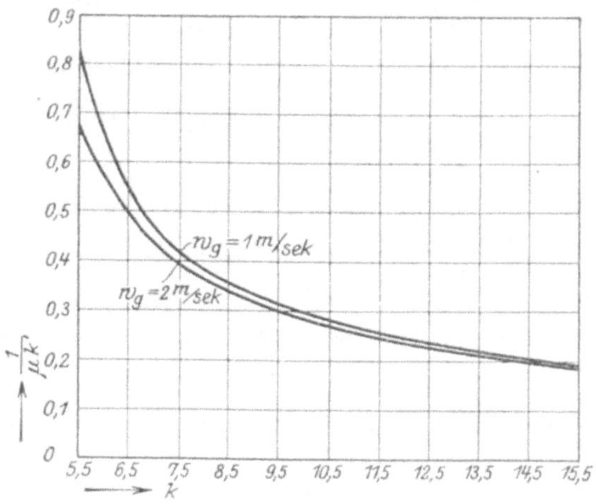

flächendiagramm für die getriebene Scheibe. Die Untersuchungen ergeben im einzelnen folgende Zahlen:

1. Stillstandsvorspannung $k_v = 6,5$ kg/cm.

a) für $k_n = 5$ kg/cm, $w_d = 8,4$ cm/sec, $k_1' : k_2' = 2,6$. Die Nutzkraft wird erreicht beim Umspannungsbogen 2,8, daher $w_g = 0$, Gesamtschlupf $\sigma = \dfrac{8,4}{1600} = 0,0053$. Die Untersuchung der getriebenen Scheibe erübrigt sich.

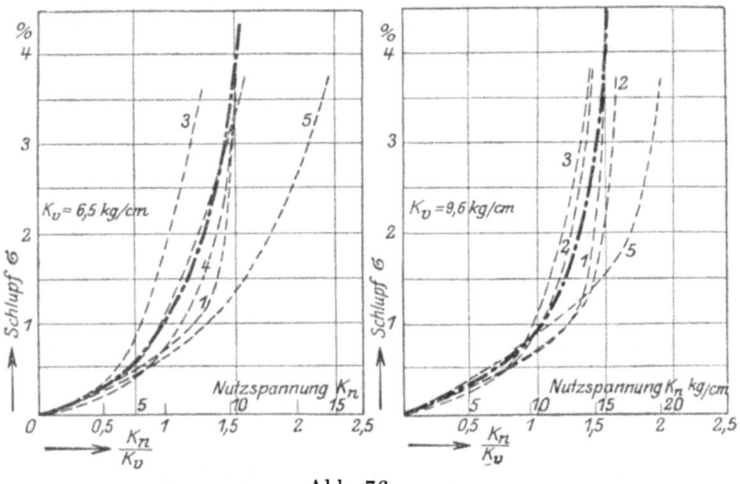

Abb. 76.

Ergebnisse der Riemenschlupfversuche von Cornell — — —
Schlupfwerte der Nachrechnung — · — · —

b) $k_n = 10$ kg/cm, $w_d = 16$ cm/sec, $k_1' : k_2' = 8,2$, Umspannungsbogen 3,14, $w_{gI} = 22$ cm/sec für die treibende Scheibe, $w_{gII} = 23,5$ cm/sec für die getriebene Scheibe, Gesamtschlupf

$$\sigma = \frac{w_d + w_{gI} + w_{gII}}{u} = \frac{16 + 22 + 23,5}{1600} = 0,038 \,.$$

Die Vorspannung ist also für die Nutzlast zu gering.

2. Stillstandsvorspannung $k_v = 9,6$ kg/cm.

a) Nutzspannung $k_n = 5$ kg/cm, $k_1' : k_2' = 1,8$, $w_d = 6,4$ cm/sec; Umspannungsbogen 2,71, $w_g = 0$; Schlupf $\sigma = \dfrac{6,4}{1600} = 0,004$.

b) Nutzspannung $k_n = 10$ kg/cm, $k_1' : k_2' = 3,33$; Umspannungsbogen 3,14, $w_d = 12,5$ cm/sec, $w_{gI} = 1,5$ cm/sec, $w_{gII} = 1,3$ cm/sec; Schlupf $\sigma = \dfrac{12,5 + 1,5 + 1,3}{1600} = 0,0096$.

c) Nutzspannung $k_n = 15$ kg/cm, $k_1' : k_2' = 6$; Umspannungsbogen 3,14, $w_d = 18,1$ cm/sec, $w_{g\,I} = 22,5$ cm/sec, $w_{g\,II} = 22,5$ cm/sec; Schlupf $= \dfrac{63,1}{1600} = 0,04$.

Für die Nutzspannung von 15 kg/cm ist auch die Vorspannung 9,6 kg/cm zu gering.

Die gefundenen Werte sind in Abb. 76 in das von Kutzbach mitgeteilte Schaubild der Cornell-Versuche eingetragen. Sie liegen innerhalb der dort erhaltenen Werte, und zwar im Bereich der ungünstigeren Hälfte; die in der vorstehenden Arbeit verwendeten Reibungsziffern dürfen also für dieses Gebiet als vorsichtig gelten.

Als zweite Probe soll der Versuch von Kammerer dienen. Er ist mit einem Riemen von 37,5 cm Breite und einem Gewicht von 3,34 kg/qm, 2 Scheiben von 250 cm Durchmesser und einer Riemengeschwindigkeit von 50 m/sec angestellt; die Nutzspannung beträgt 3,9 kg/cm, als Achsspannung sind 6,6 kg/cm, als Schlupf 0,0023 aus dem in sehr kleinem Maßstabe gehaltenen Schaubild (Abb. 116 a. a. O.) abgelesen. Die Nachrechnung ist mit einem Achsenabstand von 600 cm und für eine Nutzspannung von 4 kg/cm erfolgt, was auf die Ergebnisse ohne fälschenden Einfluß bleibt. Die Nutzspannung liegt weit unter der gebräuchlichen Grenze. Die in gleicher Weise wie vorher durchgeführte Ermittlung ergibt eine Stillstandsvorspannung von $k_v = 11,2$ kg/cm und folgende Schlupfwerte:

$$w_d = 13,4 \text{ cm/sec}, \qquad w_{g\,I} = 0, \qquad w_{g\,II} = 0,4 \text{ cm/sec},$$

$$\sigma = \frac{13,8}{5000} = 0,0027 \,.$$

Die Übereinstimmung mit dem beobachteten Werte ist also genügend.

Als dritte Probe sei der von Skutsch a. a. O. untersuchte Riementrieb herangezogen, der mit sehr geringer Vorspannung bei verhältnismäßiger hoher Belastung lief und daher sehr großen Gleitschlupf ergab. Die Hauptangaben sind:

Riemen 10 cm breit, 0,52 cm dick, Gewicht 4,56 kg/qm, 2 gleichgroße Scheiben von 110 cm Durchmesser, Achsenabstand 498,8 cm, Umfangsgeschwindigkeit der treibenden Scheibe 28,4 m/sec, beobachteter Schlupf 6,35 vH = 180 cm/sec. Der Umspannungswinkel beider Scheiben betrug infolge starken Durchhangs des unten laufenden losen Trumms 168°, mithin war der Umspannungsbogen 2,93. Die freie Spannung im losen Trumm hat Skutsch aus dem gemessenen Durchhang zu $\sim 0,5$ kg/cm berechnet, die Spannung im straffen Trumm zu $\sim 8,6$ kg/cm. Die Nutzspannung betrug ~ 8 kg/cm, die Fliehspannung $\sim 3,7$ kg/cm. In der bekannten Weise ermittelt, ergibt sich der Dehnungsschlupf mit 20,8 cm/sec. Mithin verbleibt rund 160 cm/sec Gleitschlupf für beide Scheiben. Verteilt man diesen auf beide Scheiben gleichmäßig und ermittelt mit Hilfe der Winkelflächendiagramme die erforderlichen Umspannungsbögen, so ergibt sich für die treibende Scheibe $\alpha_1 = 3,00$ und für die getriebene Scheibe $\alpha_2 = 3,04$, also wiederum eine gute Übereinstimmung mit dem Beobachtungswert von 2,93.

Diese wenigen Proben können und sollen nun keineswegs als Beweis dafür gelten, daß die in der vorliegenden Arbeit aufgestellten Dehnungs- und Reibungsziffern im einzelnen richtig seien; aber sie rechtfertigen wohl die Behauptung, daß diese Zahlen im ganzen verwendbar sind, bis bessere Grundlagen durch weitere Versuche geschaffen werden. Allerdings unterliegen schon die Reibungswerte homogener anorganischer Stoffe erheblichen Schwankungen, deren Einflüsse zur Zeit noch nicht geklärt sind. Um so mehr werden bei Riemenleder, dessen Eigenschaften in hohem Grade von Herkunft und Behandlung abhängen, die unvermeidlichen Abweichungen zwischen einzelnen Versuchen stets erheblich bleiben.

XVIII. Folgerungen aus den Untersuchungen.

Als Unterlage für die Bemessung von Riemen dienen heutigentags eine größere Zahl von Tabellen, die von Riemen- oder Transmissionsfabriken sowie von elektrotechnischen oder anderen Firmen veröffentlicht werden und in ihrem Ursprung meistens auf die von C. Otto Gehrkens seinerzeit angegebenen Werte zurückgehen. Sie geben für den Zentimeter Riemenbreite die zulässige Nutzlast in Abhängigkeit von der Geschwindigkeit und dem Scheibendurchmesser oder auch unmittelbar die Nutzleistung an. Über die hierbei auftretende Höchstbeanspruchung des Leders und die erforderliche Vorspannung und die Achsdrücke finden sich keine Angaben.

Will man nun an Hand der vorangegangenen Untersuchungen diese Fragen der Lösung weiter entgegenführen, so muß zunächst die zulässige Höchstbelastung des Riemens und das zulässige Maß des Gleitschlupfes festgesetzt werden. Ferner ist zu erörtern, welche Bedingungen sich für den kleinsten Durchmesser der Scheibe aus der Geschwindigkeit und Belastung ergeben.

Für die Höchstbelastung des Riemens ist in erster Linie die Festigkeit der Verbindungsstellen maßgebend. Die Zerreißfestigkeit sachgemäß hergestellter und auf 20—25 cm zugeschärfter geleimter Verbindungen liegt etwa bei 110—120 kg/cm. Riemen, die nicht endlos verleimt, sondern mit Drahtangeln, Krallen oder Schienen verklammert sind, besitzen in der Verbindungsstelle weit geringere Festigkeit, sofern nicht das Gewicht des Verbinders für raschen Lauf zu groß werden soll. Die folgenden Erörterungen beziehen sich daher nur auf einfache, endlos verleimte Riemen. Um eine vier- bis fünffache Sicherheit zu erhalten, darf also die Höchstbeanspruchung die Grenze von 25—30 kg/cm nicht übersteigen. Das entspricht für gute Riemen einer etwa achtfachen Sicherheit im Leder. Diese Festigkeit weisen aber sowohl in der Ver-

bindungsstelle wie im vollen Leder nur sorgfältig ausgewählte und hergestellte Riemen auf, die sachgemäß aufgelegt und behandelt werden. Für billige Riemen und mittelmäßige Behandlung muß mit geringeren Beanspruchungen gerechnet werden. Von entscheidendem Einfluß auf die Haltbarkeit des Riemens ist das Maß, um das die Belastung des Riemens beim Übergang über die Scheiben wechselt; dieser Spannungswechsel muß daher bei hohen Riemenbeanspruchungen geringer gehalten werden als bei mittleren. Günstig wirkt in dieser Hinsicht, daß der schnell laufende, an sich hoch beanspruchte Riemen durch die Fliehkraft im losen wie im straffen Trumm gespannt wird, so daß der Spannungswechsel hierdurch herabgedrückt wird. Unter Berücksichtigung der erörterten Umstände ist in Abb. 77 die Riemenbean-

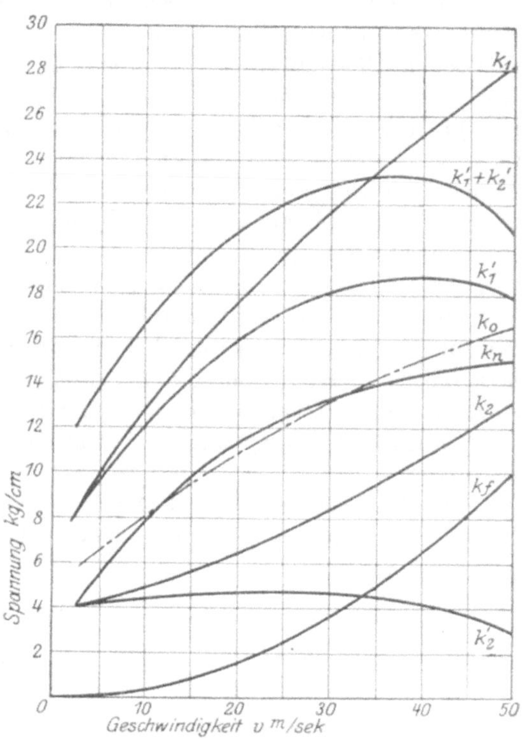

Abb. 77. Riemenspannungen in Abhängigkeit von der Geschwindigkeit.

k_1: Volle Spannung im straffen Trumm.
$k_1' + k_2'$: Achsspannung.
k_1': Freie Spannung im straffen Trumm.
k_o: Stillstandsvorspannung.
k_n: Nutzspannung.
k_2: Volle Spannung im losen Trumm.
k_f: Fliehspannung.
k_2': Freie Spannung im losen Trumm.

spruchung im straffen Trumm von 8 kg/cm bei 3 m/sec auf 28 kg/cm bei 50 m/sec gesteigert. Die Fliehspannung ist dabei einheitlich mit einem Gewicht von 4 kg/qm berechnet; damit ist dann gleichzeitig die freie Spannung des straffen Trumms gegeben; sie beginnt ebenfalls bei 8 kg/cm, steigt auf 19 kg/cm bei $v = 40$ m/sec und geht, um die zulässige Gesamtspannung innezuhalten, auf 18 kg/cm bei 50 m/sec zurück. Die

Nutzspannung und die Spannungen im losen Trumm sind dann an Hand der Spannungs- und Reibungswerte, die in den vorangegangenen Ermittlungen erhalten waren, festgesetzt. Um auch die Grenzen der Geschwindigkeit zu berücksichtigen, sind je ein Riemen für 3 m/sec und einer für 50 m/sec bei verschiedenen Vor- und Nutzspannungen untersucht. Die zulässige Nutzspannung hängt in weitem Umfange vom zugelassenen Gleitschlupf ab, während der Dehnungsschlupf durch die Nutzspannung gegeben ist. Die angestellten Untersuchungen haben nun gezeigt, daß die nach Maßgabe der Reibung erreichbare Nutzspannung sehr scharf zurückgeht, wenn man den Gleitschlupf ganz ausschließt. Es hat sich aber auch ergeben, daß dies weder aus Rücksicht auf die Lebensdauer, noch auf den Wirkungsgrad des Riementriebes nötig ist. Andererseits haben die Untersuchungen ergeben, daß bei steigendem Gleitschlupf die Reibungswirkung nur sehr langsam anwächst. Man wird also mit Rücksicht auf Ausnutzung einerseits und auf Abnutzung und Wirkungsgrad andererseits Gleitschlupf in mäßigen Grenzen zulassen, etwa in Höhe von 40—50 vH des Dehnungsschlupfes. Letzterer steigt von 0,5 vH bei 3 m/sec auf 0,8 vH bei 30 m/sec, um dann infolge Rückgangs der freien Spannung im straffen Trumm auf 0,6 vH bei 50 m/sec zu sinken.

Für den Wirkungsgrad ist der Gesamtschlupf maßgebend, d. h. die Summe des Dehnungsschlupfes, der für beide Scheiben einmal in der Rechnung erscheint und des Gleitschlupfes auf der treibenden, zuzüglich desjenigen auf der getriebenen Scheibe. Um nun ohne Überschreitung der zulässigen Höchstspannung ein Anwachsen der Nutzspannung noch bei einer Geschwindigkeit von 50 m/sec zu erhalten, muß hierbei ein Gesamtschlupf von 1,4 vH zugelassen werden. Dies ist auch gegenüber den sonstigen Verlusten, also

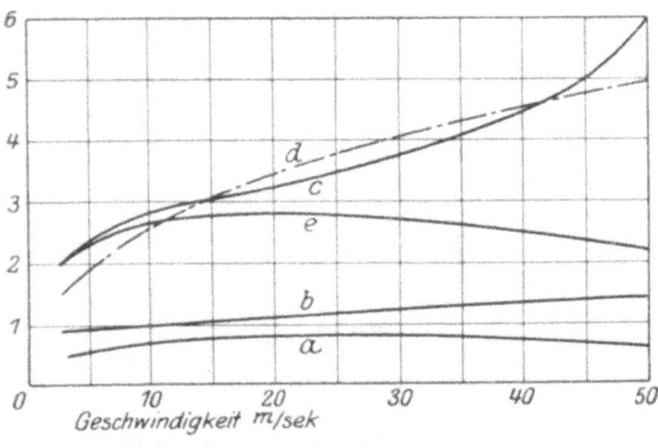

Abb. 78.

a: Dehnungsschlupf $\big\}$ vH für gleiche Scheiben.
b: Gesamtschlupf

c: Kraftumsatz $k_1' : k_2'$. d: Scheibenradius in dm.
e: Spannungswechsel $k_1 : k_2$.

der Lagerreibung, der Luftwirbelung und Riemensteifigkeit zulässig. Auf Grund dieser Überlegungen ergeben sich die Kurven a und b in Abb. 78. Der mit diesem Gesamtschlupf erzielbare Kraftumsatz steigt vom Wert 2 bei 3 m/sec auf den Wert 6 bei 50 m/sec (Kurve c, Abb. 78).

Die zugehörige freie Spannung im losen Trumm steigt von 4 kg/cm
bei 3 m/sec auf 4,8 kg/cm bei 25 m/sec, um dann auf 3 kg/cm bei
50 m/sec abzufallen, während die zugehörige volle Spannung im losen
Trumm von 4 kg/cm bei 3 m/sec auf 12 kg/cm bei 50 m/sec ansteigt
(Abb. 77). Um diese Spannungsverhältnisse herbeizuführen, ist eine
Stillstandsvorspannung k_0 erforderlich, die von 5,8 kg/cm bei 3 m/sec
auf 16,7 kg/cm bei 50 m/sec anwächst. Diese wird allerdings bei den
meisten „nach Gefühl" aufgelegten und nachgespannten Riementrieben
nicht vorhanden sein; infolgedessen werden die erforderlichen Nutzspannungen nur mit wesentlich größerem Gleitschlupf erzielt — auf
Kosten der Lebensdauer des Riemens.

Endlich ist noch der Einfluß des Scheibendurchmessers zu erörtern.
Er wird in theoretischen Abhandlungen und praktischen Betriebsregeln
als sehr wichtig hingestellt. Wie bereits in Abschnitt VIII ausgeführt
ist, konnte bei den Versuchen im Danziger Laboratorium eine Vergrößerung der Reibungsziffer durch Verwendung größerer Scheiben innerhalb
des untersuchten Gebiets nicht festgestellt werden. Damit ist zwar nicht
bewiesen, daß die Größe der Berührungsfläche zwischen Riemen und
Scheibe, die mit dem Durchmesser der verwendeten Scheibe steigt, ohne
Einfluß auf die Verbesserung des Kraftumsatzes ist. Daß aber eine Vergrößerung des Scheibendurchmessers von 10 cm auf 200 cm die Nutzspannung von 2 kg/cm auf 11 kg/cm zu steigern gestatten soll, wie die
Tabelle von Gehrkens angibt, ohne daß die sonstigen Vorbedingungen,
wie z. B. Vorspannung oder Gleitschlupf wesentlich erhöht werden, erscheint sehr unwahrscheinlich. Andererseits gibt es eine Anzahl trif-
tiger Gründe dafür, daß man die Nutzspannung von Riementrieben
nicht allein durch Steigerung der Geschwindigkeit vermehren kann,
sondern daß damit Hand in Hand eine Vergrößerung der Scheibendurchmesser gehen muß. Der erste Grund liegt in der Empfindlich-
keit der Leimstellen gegen starke Krümmung;
hierbei ist zu berücksichtigen, daß man die Leimstelle auf der Scheibe „mit dem Stoß" laufen läßt
(Abb. 79), daß sie also an der Luftseite „gegen
den Stoß" läuft. Die üblichen Riemengeschwindigkeiten von 20—30 m/sec bedeuten bereits
starken Sturm. Blättert infolge starker Krümmung die dünn ausgeschärfte Zunge des Stoßes
nur ein wenig ab, wie dies Abb. 79 andeutet, so
peitscht der Luftstrom bald einen Lappen heraus,

Abb. 79.

der dreieckig einreißt und die Zerstörung des Riemens einleitet.

Ferner muß mit wachsender Riemengeschwindigkeit der Scheibenumfang größer gewählt werden, da andernfalls der Spannungswechsel in so kurzer Zeit vor sich gehen muß, daß er wie

Hammerschläge auf den Riemen wirkt. Bei 10 cm Scheibendurchmesser und 3 m/sec Riemengeschwindigkeit stehen für den Spannungswechsel 0,05 sec zur Verfügung, bei 30 m/sec müßte dieser also bei gleichem Scheibendurchmesser in 5 Tausendstel Sekunden vor sich gehen; selbst bei 75 cm Durchmesser und 30 m/sec dauert der Spannungswechsel nur 0,04 sec. Daß also bei großer Geschwindigkeit und kleinem Scheibendurchmesser der Spannungswechsel und damit die Nutzspannung stark herabgesetzt werden muß, ist einleuchtend.

Ferner schmiegt sich bei kleinem Scheibendurchmesser und großer Geschwindigkeit die Leimstelle infolge ihrer größeren Steifigkeit der Scheibenoberfläche schlecht an, so daß der umspannte Bogen verkleinert oder unterbrochen wird; hierunter leidet die Reibungswirkung erheblich. Endlich wäre noch zu untersuchen, ob beim Übergang über die treibende Scheibe bei kleinem Durchmesser und großer Riemengeschwindigkeit das Leder sich so rasch zusammenzieht, daß die theoretisch berechnete Relativgeschwindigkeit, die die Vorbedingung für die Reibungswirkung bildet, sich einstellt. Demnach erscheint es angebracht, die in Abb. 77 dargestellten Werte der Nutzspannung auf solche Riementriebe zu beschränken, bei denen der Scheibendurchmesser von 30 cm bei 3 m/sec Riemengeschwindigkeit auf wenigstens 100 cm bei 50 m/sec anwächst, wie dies die Kurve d der Abb. 78, den Gehrkensschen Werten folgend, andeutet.

Zu beachten ist noch, daß bei hochbeanspruchten und schnelllaufenden Riemen ein großer Achsenabstand die Lebensdauer des Riemens erhöht, weil die Zeit zwischen zwei Spannungswechseln dadurch verlängert wird.

Wenn in der vorstehenden Zusammenstellung Riemengeschwindigkeiten bis zu 50 m/sec aufgenommen sind, so ist dies nur der Vollständigkeit halber und um den Vergleich mit den Gehrkensschen Angaben ziehen zu können, geschehen. Eine praktische Anwendung so hoher Geschwindigkeiten im Dauerbetrieb ist mir nicht bekannt. Auch Geschwindigkeiten von über 35 m/sec sind schon mit Rücksicht auf die Scheibenkonstruktion und die Anforderungen an das Riemenmaterial mit Recht selten zu finden.

Die gesamte Untersuchung hat also ergeben: Die Berechnung und Prüfung von Riementrieben muß die Dehnung der auf den Scheiben aufliegenden Riemenbahnen berücksichtigen. Der Dehnung der gesamten Riemenlänge gegenüber kann die Gewichtswirkung der schwebenden Bahnen vielfach vernachlässigt werden. Die Leerlauf- und Arbeitscharakteristik kann unter Berücksichtigung dieser beiden Einflüsse an Hand der Gleichung der Linie des bewegten Fadens zeichnerisch leicht ermittelt werden, wenn die Kurve der Betriebsdehnung des Leders in Abhängigkeit von der Beanspruchung bekannt ist. Ob die vorhandenen Umspannungsbögen bei bestimmter Vorspannung zur Erzielung der Nutzkraft mittels der Reibung ausreichen, kann ebenfalls durch ein zeichnerisches Verfahren geprüft werden, wenn die Reibungsziffern in Abhängigkeit von der örtlichen Spannung und der Gleitgeschwindigkeit bekannt sind. Für die Ermittlung dieser Abhängigkeit bei bekannter Gleitgeschwindigkeit wird ein zeichnerisches Verfahren angegeben. Die entwickelten Verfahren sind mit praktisch ausreichender Genauigkeit für wagerechte und geneigte Triebe und mit geringer Abänderung auch für Spannrollentriebe anwendbar.

Das Ziel weiterer Riemenforschung muß dahin gehen, die Dehnungskurve insbesondere bei raschem Rückgang der Spannung und die Reibungsziffern insbesondere im Hinblick auf die etwaige Einwirkung der Größe der Berührungsfläche zwischen Riemen und Scheibe festzustellen. Die zur Zeit in dieser Hinsicht zwischen den Fabrikaten verschiedenen Ursprungs bestehenden gewaltigen Unterschiede müssen mit der Zeit verkleinert werden. Daß das möglich ist, zeigt der Vergleich mit dem Gußeisen, das vor hundert Jahren ein ebenso unzuverlässiger Stoff war, als es heute der aufs Geratewohl dem Handel entnommene Riemen ist. Zwecks Steigerung der Wirtschaftlichkeit von Riementrieben wird man dahin gelangen müssen, nur gut vorgereckte und auf Einlaufmaschinen behandelte Riemen zuzulassen und deren Dehnungs- und Reibungsziffern ebenso wie die Eigenschaften anderer Betriebsmaterialien vorzuschreiben und laufend zu prüfen.

Anhang.

Ableitung der Gleichungen der Durchhangskurve des bewegten Riemens [Gleichung (1) S. 4] der Bogenlänge [Gleichung (2) S. 4] und der Riemenkräfte [Gleichung (7) S. 5].

Am Riemen wirken (Abb. 2, S. 4) die Riemenkraft S kg, das Gewicht q kg/cm und die Fliehkraft $\dfrac{q}{g}\dfrac{v^2}{\varrho}$ kg/cm. Diese Kräfte ergeben nach senkrechter und wagerechter Richtung zerlegt (Abb. 2) die Gleichgewichtsbedingungen:

$$V = q \int_0^{s_x} ds + \frac{q}{g}\,v^2 \int_0^{q} \cos\varphi\,d\varphi\,,$$

$$H = H_0 - \frac{q}{g}\,v^2 \int_0^{\varphi} \sin\varphi\,d\varphi\,.$$

Hierin ist H_0 die einstweilen unbekannte Riemenkraft im Querschnitt O (Abb. 2) und s_x die Länge des Riemenstückes von O bis H. Die Integration dieser Gleichungen ergibt:

$$V = q\,s + \frac{q}{g}\,v^2 \sin\varphi\,, \tag{a}$$

$$H = H_0 - \frac{q}{g}\,v^2(1 - \cos\varphi)\,. \tag{b}$$

Mithin ist:

$$\operatorname{tg}\varphi = \frac{V}{H} = \frac{s + \dfrac{v^2}{g}\sin\varphi}{\dfrac{H_0}{q} - \dfrac{v^2}{g}(1 - \cos\varphi)}\,.$$

Mit der Abkürzung:

$$\frac{H_0}{q} - \frac{v^2}{g} = h \tag{c}$$

folgt nun

$$h\cdot\operatorname{tg}\varphi + \frac{v^2}{g}\sin\varphi = s + \frac{v^2}{g}\sin\varphi\,,$$

d. h.

$$\operatorname{tg} \varphi = \frac{s}{h}\,. \tag{d}$$

Es ist aber

$$\operatorname{tg} \varphi = \frac{dy}{dx}\,,$$

mithin

$$dx = \frac{h}{s}\,dy\,. \tag{e}$$

Setzt man diesen Wert ein in die Gleichung:

$$dx^2 + dy^2 = ds^2,$$

so erhält man:

$$dy = \frac{s\,ds}{\sqrt{s^2 + h^2}}\,.$$

Das Integral dieses Ausdrucks ist bekannt und lautet:

$$y = \sqrt{s^2 + h^2} + C\,, \tag{f}$$

wovon man sich durch Differentiation überzeugen kann.

Für $x = 0$ ist $y = y_0$ und $s = 0$, also ist

$$y_0 = h + C\,.$$

Wählt man also den einstweilen willkürlich angenommenen Abstand der H-Achse von der Scheiteltangente

$$y_0 = h\,,$$

so wird

$$C = 0\,. \tag{g}$$

Nunmehr kann Gleichung (f) geschrieben werden

$$\frac{s}{h} = \sqrt{\frac{y^2}{h^2} - 1}\,, \tag{h}$$

In Gleichung (e) eingesetzt ergibt dies:

$$dx = \frac{dy}{\sqrt{\dfrac{y^2}{h^2} - 1}}\,.$$

Das Integral dieses Ausdrucks lautet:

$$x = h \cdot \ln\left(y + \sqrt{y^2 - h^2}\right) + C\,,$$

wovon man sich abermals durch Differentiation überzeugen kann.

Für $x = 0$ ist $y = h$, also ist

$$C = - h \ln h\,,$$

und damit wird

$$\frac{x}{h} = \ln\left(\frac{y}{h} + \sqrt{\frac{y^2}{h^2} - 1}\right).$$

Geht man vom Logarithmus zur Basis über, so erhält man:

$$e^{\frac{x}{h}} = \frac{y}{h} + \sqrt{\frac{y^2}{h^2} - 1}. \tag{i}$$

Also ist

$$e^{-\frac{x}{h}} = \frac{1}{\dfrac{y}{h} + \sqrt{\dfrac{y^2}{h^2} - 1}}. \tag{k}$$

Addiert man Gleichung (i) und (k), so erhält man:

$$e^{\frac{x}{h}} + e^{-\frac{x}{h}} = 2\,\frac{y}{h},$$

d. h.

$$y = \frac{h}{2}\left(e^{\frac{x}{h}} + e^{-\frac{x}{h}}\right). \tag{l}$$

Die Bogenlänge folgt aus Gleichung (h) zu

$$s = h\sqrt{\frac{y^2}{h^2} - 1}.$$

Mit Einsatz von $\dfrac{y}{h}$ aus Gleichung (l) ergibt sich:

$$s = \frac{h}{2}\sqrt{\left(e^{\frac{x}{h}} + e^{-\frac{x}{h}}\right)^2 - 4},$$

d. h.

$$s = \frac{h}{2}\left(e^{\frac{x}{h}} - e^{-\frac{x}{h}}\right).$$

Die Kräfte H, V und S erhält man, wenn man zunächst aus Gleichung (a) und (b) $\sin \varphi$ und $\cos \varphi$ beseitigt.

Es ist [Gleichung (d)]

$$\operatorname{tg} \varphi = \frac{s}{h},$$

daher

$$\cos \varphi = \frac{1}{\sqrt{1 + \operatorname{tg}^2 \varphi}} = \frac{h}{\sqrt{s^2 + h^2}},$$

also mit Gleichung (f) und (g)

$$\cos \varphi = \frac{h}{y}. \tag{m}$$

Damit wird $\sin \varphi = \operatorname{tg} \varphi \cdot \cos \varphi = \dfrac{s}{y}$.   (n)

Hiermit lautet Gleichung (a):

$$V = q\, s \cdot \left(1 + \frac{v^2}{g \cdot y}\right).$$ (o)

Nun ergibt Gleichung (b) mit (c) und (n):

$$H = q \cdot h \left(1 + \frac{v^2}{g \cdot y}\right).$$ (p)

Demnach ist schließlich

$$S = \sqrt{V^2 + H^2}\,,$$

d. h. mit Verwendung von Gleichung (o), (p) und (f):

$$S = q \cdot \left(y + \frac{v^2}{g}\right).$$

Technische Schwingungslehre. Ein Handbuch für Ingenieure, Physiker und Mathematiker bei der Untersuchung der in der Technik angewendeten periodischen Vorgänge. Von Privatdozent Dipl.-Ing. Dr. **Wilhelm Hort** in Berlin. Z w e i t e, völlig umgearbeitete Auflage. Mit 423 Textfiguren. (836 S.) 1922. Gebunden 24 Reichsmark

Grundzüge der technischen Schwingungslehre. Von Professor Dr.-Ing. **Otto Föppl** in Braunschweig, Technische Hochschule. Mit 106 Abbildungen im Text. (157 S.) 1923. 4 Reichsmark; gebunden 4.80 Reichsmark

Die kritischen Zustände zweiter Art raschumlaufender Wellen. Von **Paul Schröder** in Stuttgart. (47 S.) 1924. 2.80 Reichsmark

Kolbendampfmaschinen und Dampfturbinen. Ein Lehr- und Handbuch für Studierende und Konstrukteure. Von Professor **Heinrich Dubbel,** Ingenieur. S e c h s t e, vermehrte und verbesserte Auflage. Mit 566 Textfiguren. (530 S.) 1923. Gebunden 14 Reichsmark

Die Steuerungen der Dampfmaschinen. Von Professor **Heinrich Dubbel,** Ingenieur. D r i t t e, umgearbeitete und erweiterte Auflage. Mit 515 Textabbildungen. (399 S.) 1923. Gebunden 10 Reichsmark

O. Lasche, Konstruktion und Material im Bau von Dampfturbinen und Turbodynamos. D r i t t e, umgearbeitete Auflage von **W. Kieser,** Abteilungs-Direktor der AEG-Turbinenfabrik, Berlin. Mit 377 Textabbildungen. (198 S.) 1925. Gebunden 18.75 Reichsmark

Regelung der Kraftmaschinen. Berechnung und Konstruktion der Schwungräder, des Massenausgleichs und der Kraftmaschinenregler in elementarer Behandlung. Von Hofrat Professor Dr.-Ing. **M. Tolle** in Karlsruhe. D r i t t e, verbesserte und vermehrte Auflage. Mit 532 Textfiguren und 24 Tafeln. (902 S.) 1921. Gebunden 33.50 Reichsmark

Anleitung zur Berechnung einer Dampfmaschine. Ein Hilfsbuch für den Unterricht im Entwerfen von Dampfmaschinen. Von Geh. Hofrat Professor **R. Graßmann,** Reg.-Baumeister a. D., Karlsruhe i. B. V i e r t e, umgearbeitete und stark erweiterte Auflage. Mit 25 Anhängen, 471 Figuren und 2 Tafeln. (658 S.) 1924. Gebunden 28 Reichsmark

Dampf- und Gasturbinen. Mit einem Anhang über die Aussichten der Wärmekraftmaschinen. Von Professor Dr. phil. Dr.-Ing. **A. Stodola** in Zürich. Sechste Auflage. Unveränderter Abdruck der V. Auflage. Mit einem Nachtrag nebst Entropietafel für hohe Drücke und B¹T-Tafel zur Ermittelung des Rauminhaltes. Mit 1138 Textabbildungen und 13 Tafeln. (1154 S.) 1924. Gebunden 50 Reichsmark

Nachtrag zur fünften Auflage von Stodolas Dampf- und Gasturbinen nebst Entropietafel für hohe Drücke und B¹T-Tafel zur Ermittelung des Rauminhaltes. Mit 37 Abbildungen und 2 Tafeln. (32 S.) 1924.
Dieser der 6. Auflage angefügte Nachtrag ist auch als Sonderausgabe einzeln zu beziehen, um den Besitzern der 5. Auflage des Hauptwerkes die Möglichkeit einer Ergänzung auf den Stand der 6. Auflage zu bieten.

Schnellaufende Dieselmaschinen. Beschreibungen, Erfahrungen, Berechnung, Konstruktion und Betrieb. Von Marinebaurat Professor Dr.-Ing. **O. Föppl** in Braunschweig, Oberingenieur Dr.-Ing. **H. Strombeck,** Leunawerke und Professor Dr. techn. **L. Ebermann** in Lemberg. Dritte, ergänzte Auflage. Mit 148 Textabbildungen und 8 Tafeln, darunter Zusammenstellungen von Maschinen von A E G., Benz, Daimler, Danziger Werft, Deutz, Germaniawerft, Görlitzer M.-A., Körting und MAN, Augsburg. (246 S.) 1925. Gebunden 11.40 Reichsmark

---

Die Theorie der Wasserturbinen. Ein kurzes Lehrbuch von Professor **Rudolf Escher †** in Zürich. Dritte, vermehrte und verbesserte Auflage, herausgegeben von Ober-Ing. **Robert Dubs** in Zürich. Mit 364 Textabbildungen und 1 Tafel. (369 S.) 1924. Gebunden 13.50 Reichsmark

---

Kolben- und Turbo-Kompressoren. Theorie und Konstruktion. Von Professor Dipl.-Ing. **P. Ostertag** in Winterthur. Dritte, verbesserte Auflage. Mit 358 Textabbildungen. (308 S.) 1923. Gebunden 20 Reichsmark

---

Maschinentechnisches Versuchswesen. Von Professor Dr.-Ing. **A. Gramberg,** Oberingenieur an den Höchster Farbwerken.
Erster Band: **Technische Messungen bei Maschinenuntersuchungen und zur Betriebskontrolle.** Zum Gebrauch an Maschinenlaboratorien und in der Praxis. Fünfte, vielfach erweiterte und umgearbeitete Auflage. Mit 326 Textfiguren. (577 S.) 1923. Gebunden 18 Reichsmark

Zweiter Band: **Maschinenuntersuchungen und das Verhalten der Maschinen im Betriebe.** Ein Handbuch für Betriebsleiter, ein Leitfaden zum Gebrauch bei Abnahmeversuchen und für den Unterricht an Maschinenlaboratorien. Dritte, verbesserte Auflage. Mit 327 Figuren im Text und auf 2 Tafeln. (619 S.) 1924. Gebunden 20 Reichsmark

---

Freytags Hilfsbuch für den Maschinenbau für Maschineningenieure sowie für den Unterricht an Technischen Lehranstalten. Siebente, vollständig neubearbeitete Auflage. Unter Mitarbeit von Fachleuten herausgegeben von Professor **P. Gerlach.** Mit 2484 in den Text gedruckten Abbildungen, 1 farbigen Tafel und 3 Konstruktionstafeln. (1502 S.) 1924. Gebunden 17.40 Reichsmark

---

Taschenbuch für den Maschinenbau. Bearbeitet von Fachleuten, herausgegeben von Professor **Heinrich Dubbel,** Ingenieur, Berlin. Vierte, erweiterte und verbesserte Auflage. Mit 2786 Textfiguren. In zwei Bänden. (1739 S.) 1924. Gebunden 18 Reichsmark